U0157886

TODA

住宅景观设计推进法

[日] 户田芳树 [日] 吉泽力 著

邓舸 译

广西师范大学出版社

· 桂林 ·

佐佐木叶二

日本当代三大景观设计师之一

原京都造型艺术大学教授

凤咨询环境设计研究所设计顾问

序一

体验与氛围之美

户田芳树先生作为景观设计师已从业 40 多年，他凭借丰富的设计经验，打造出无数简洁大气的空间，并以极其注重细节处理的精神，广受业界好评。户田先生在 1980 年成立户田芳树造园设计室，之后工作室更名为株式会社户田芳树风景计画，主要业务集中在中日两国，创作了许多为人称道的作品。

户田先生年轻时在东京、京都作为造园师的工作经历给他的设计带来了启发，这一点在他的景观作品中有着鲜明的表现。例如，庭院中精妙的石组布局、根据视角变换构成的多样化植物组团。

户田事务所在中国开展景观设计工作已有 10 多年，本书收录的都是相当成熟、优秀的住宅景观作品。从美学角度来看，体验与氛围之美是这些作品的主要特征。虽然目前用电脑效果图表现已是主流，但在设计过程中，户田事务所的设计思路一般仍通过手绘提案进行表现。手绘表现可以模拟设计效果，有助于做出判断，传达了户田先生想要在风景中创造体验与氛围之美的决心。各项目中的植栽表现了“季节更迭之美”，由春入夏，绿意盎然；秋有枫叶流丹，层林尽染；冬有白雪皑皑，玉树琼花。日本著名的美术评论家高阶秀尔先生将此类表现称为与西欧“实体之美”相对的“情形之美”，认为这是日本审美意识的特征。但从景观的角度来看，我更想称之为“氛围之美”。

户田事务所设计的庭院有很明显的地方性生态元素，通过“氛围之美”的原理创造了景观的个性。这是以感性和人性化尺度打造的具有街区元素的景观，也是由水景、绿植串联而成的富有紧凑感的空间，是充满诗意与冲击力的风景画卷。

宋照青

国家一级注册建筑设计师

日清设计创始人、总建筑师

西安建筑科技大学客座教授、研究生导师

原境界美术馆创始人

序二

记忆与期望

几年过去了，与户田芳树先生在东京塔下的园子里把酒言欢的情景依然历历在目。作为我的老朋友，先生多年来一直以兄长的姿态谦和地包容我，在专业和工作上积极配合我们发展的同时，更潜移默化地鼓励我们对传统、自然和东方美学的意境进行深入研究。我们合作完成了很多项目，在这些愉快的合作时光里，我们既陶冶了情操，也产生了惺惺相惜的尊重。户田芳树先生作为最早进入中国的优秀的日本园林设计家，将东方传统“道法自然”的美学和西方的环保理念与技术相结合，极大地推动了地景建筑学的发展。

任何“物”在人性的理解中都蕴含着生命的意义。记得我曾在户田先生设计的仙寿庵中小住，那里山峦如画，河流如织。仙寿庵的景观设计从材料的组织到施工的细节无不体现出创作者对“物”的敬畏以及对灵性的尊重，这是一种缺失已久的匠人精神。

活在当下不容易，合聚从流也是在苟且之时的应对，但坚守本性，从容面对各种潮流的冲击，如顽石一般看待潮起潮落的人生态度更令人欣赏。正如先生的作品一般，一经落位就岿然不动，如同自初始起就一直生长于斯。先生于我亦师亦友，愿与先生在新作发表之际共勉。

户田芳树

日本当代三大景观设计师之一
株式会社户田芳树风景计画设计总监
东京农业大学造园系客座教授
日本茅崎市街区景观规划顾问
珠海市人民政府城市规划战略顾问（2012—2015）
中山市人民政府城市规划战略顾问（2017—2019）

自序

住宅景观设计的衍生

本书基于户田芳树风景计画在中国 15 年的工作经验，总结出住宅景观设计的“衍生方法”。

住宅空间会随着社会的发展而不断改变。设计师应敏锐地捕捉并了解其中的变化，以做出最合时宜的设计。当然，设计师也应充分预测住宅空间未来的发展并据此推进方案。有人会认为其他各类设计都是同样的道理，但我想强调的是“设计蕴含生命”这一宗旨，设计师在实际推进住宅项目时应做到随机应变。那么如何才能做到这一点呢？

首先，设计住宅景观时，若仅仅聚焦在项目用地之内的话，将很难做出好方案。设计师应从项目用地中走出来，去感受街区氛围，通过与居民交谈等方式来熟悉街区，了解街区长年累月积淀的历史文化，发现周边自然环境的特点，然后重点分析、整理项目用地与周边环境的关系，并将这种关系反映到设计方案中。

通过观察居民的行为，了解居民如何使用城市设施，设计师还会从中获得更多的设计灵感。很多人误以为一切设计都源于设计师的大脑。事实上，设计师更多的是根据从外界获取的信息来展开设计。我认为熟悉街区后得到的灵感将会成为展示项目本质的基础，更能转换成推进具体项目设计的动力。

其次，为了让居民能够带着自豪感长期居住在此，景观设计起着至关重要的作用。我认为所谓的“令人倍感自豪的居住区”，应该是装满了居民“美好记忆”的场所。不同于商业区、办公区，居住区是人们日常生活中长时间停留的场所，是人们感受四季与朝夕变化，随着自然节奏生活的场所。

需要注意的是，城中心的节奏在时间及空间尺度上均与其他地区存在差异。因此，居住区的设计应以时间的流转为基调，借助自然规律来营造出丰富的时间与空间体验。这就要求设计师运用把控自然的能力去主导项目，打造出让居民拥有“美好记忆”的空间。

在这里，我想介绍一种创造“美好记忆”空间的方法——将整个住宅用地作为一个环游式庭院来设计。比如，可以顺着园路布置不同功能的景观空间，打造出满足居民不同需求的场所。若居民能在这些空间里获得各种丰富的体验，编写出一部属于自己的“生活物语”，就再好不过了。这种记忆式体验可以是漫步、休憩、与家人亲密交谈，可以是运动、嬉戏，也可以是观察、品鉴身边日常事物而获得诸多新发现。

对景观空间来说，最基本的组成元素是来自自然的恩惠。若能通过景观设计灵活地运用“水”与“绿”，就能制造出许多丰富多彩的美好情境。融融春色百花香，炎炎夏日好乘凉，习习秋风叶似火，朗朗冬日树梢旁——在与大自然的共生中油然而生的喜悦之感数之不尽。这些体验叠加后会成为产生“美好记忆”的源泉。我认为现代住宅景观追求的应该是营造能将“美好记忆”与“生活物语”衔接起来的高品质空间。

再次，我认为在设计现代住宅景观时，不应先考虑要采用日式、欧式，还是中式风格，而应从项目设计的本质着手。“住宅景观是为何人打造的”“是否显现出浓厚的风土人情”“是否重视场所的户外交流功能”“是否着重考虑健康的生活空间”“是否追求花团锦簇的优美空间”“是否创造出彰显四季变化的绚丽空间”“是否采用慢节奏的舒适空间”，等等，设计时会有无限的可能性展现在眼前。根据项目自身的开发理念，设计师可选择特别表现某一种景观，也可将若干类景观搭配组合。景观设计会随着项目的推进产生不同的可能性，而不是一开始就选好设计风格。

在悠长的岁月中，人们每天都会接触住宅景观。住宅景观的设计精髓绝非考虑一时的流行样式或某一类设计风格，而是要尽量避免过于另类，全力营造出和谐的、长期为人们所喜爱的空间。

目录 | Contents

一、景观设计师的社会责任

在“景观设计师”一词诞生大约 150 年后的今天，作为景观设计师的我们在社会中起到了何种作用、迄今为止完成了哪些业绩、未来又该如何为社会做出贡献，这些都是设计师们在工作时需要经常思考的问题。

人类理所当然地居住在地球上，依靠从周边环境中获取的巨大恩惠而日复一日地生活，我们必须认识到这一点并常怀感恩之心。然而，在 20 世纪的 100 年间，人类的力量变得过于强大，破坏了人与自然之间的平衡，导致了各种灾害的发生。众所周知，全球变暖、海平面上升、天气异常等反常现象多次发生在我们身边，在这种情况下，为了保持多样、宜居的自然环境，我们必须充分了解大自然，怀着一颗敬畏的心与之和谐共生。

基于上述原因，在进行住宅景观设计时，最好的方法是从宏观空间（地球）渐渐地“聚焦”到微观空间（项目用地）——先对“地球”“区域”“地块”的自然环境进行调查分析，掌握相关信息及现实条件，再将“利用自然”及“自然再生”融入设计中。“可持续发展的生态”与“安全舒适的生活”看似矛盾，但将其融为一体正是景观设计师的职责。借着“人类与自然共生”的永恒主题，我想谈谈身边的住宅空间。

住宅空间是生活的原点，也是一本通俗易懂的教科书。我认为，景观设计师的责任就在于把控好“与自然共生的空间”和“活动在空间中发生的时间”，希望设计师能带着以景观的哲学与技术拯救地球的雄心壮志开展设计，这份工作任重而道远。

二、住宅景观设计的基本思路

1. 与区域的关联性

如前文所述，在进行住宅景观设计时，设计思维不能局限于项目用地之内，还应考虑项目用地与周边的关系。因为这一点至关重要，所以这里再次强调。设计师需要以广域的视角来了解用地周边的情况，从外部寻求推进设计的灵感，并将收集来的信息做成分析图或系统图以方便解读，为下一阶段的设计做准备。在梳理用地与地区的关系时，建议从自然条件与社会条件两个方面展开调查。

① 调查自然条件

· 地形：用地内如果有山地或丘陵，需调查其位置、坡度、坡向。

· 河流与湖泊：调查水系所在流域与项目用地间的关系。

· 森林与草原：调查周边植物群落，分析生态系统。

② 调查社会条件

· 土地利用：调查住宅、办公、商业、工业区域范围。

· 交通网络：调查铁路、公路、车站的网络系统。

· 教育、文化设施：调查学校、档案馆、美术馆、音乐厅及历史建筑设施。

· 公园、绿地：调查公园、绿地、绿道。

关于以上内容，建议首先以城市规划图（1∶5000 ～ 1∶10 000）为基础进行调查，然后进一步分析规划用地周边区域（1∶1000 ～ 1∶3000）的图纸，找出影响景观设计框架的关键点。

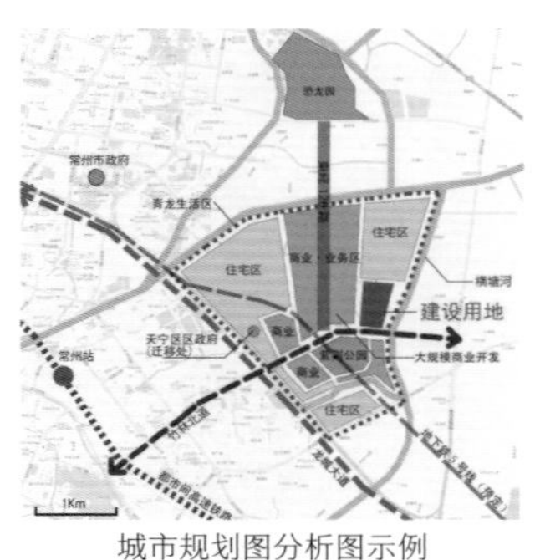

城市规划图分析图示例

新堂路一侧

切身感受河流的场所

新堂路一侧
住宅与幼儿园为一体的闲适幽静的街区

勤丰路一侧

横塘河西路一侧

竹林北路一侧

环绕于单元楼之间的宽阔的内部空间

规划用地周边分析图示例

2. 导入绿色基础设施

近年来，“绿色基础设施”这一名词在世界上越来越普及。希望大家能认识到，被称为 20 世纪开发类型的“灰色基础设施”的时代已经结束，有效利用生态系统的绿色基础设施将成为城市未来建设的重点。灰色基础设施是指以往的城市基础设施，如土方工程，河流、道路等交通系统，电力、给排水、燃气等系统，是维系人们生活的必要设施。我们之所以能过上便利的城市生活，灰色基础设施功不可没。但如今人们已经意识到，如此继续下去无法满足时代发展的需求，因为灰色基础设施极大程度上是从人为开发角度出发的，并未考虑到土地生态体系的延续，多数设施是较为牵强的规划。

因此，本书中讲述的住宅景观设计的重点就是融入绿色基础设施的理念：首先，应从城市尺度考量绿色基础设施，若城市被山林、河流与湖泊所包围，应调查它们的位置与体量，包括植物与河流驳岸等情况，并将其反映到图纸上，分析其中的关系；其次，除了偌大的自然环境，在构建规划框架时，考虑周边的学校及历史建筑等具有文化属性的社会条件也同样重要。

住宅景观是绿色基础设施网络系统中的一环，这一点在方案设计中应受到足够重视。如果是整体性较强的空间，可增加绿色植物的数量，营造吸引鸟、虫到访的自然空间。这些动物的活动规律与处于自然中的人的生活息息相关，应细致观察并认真对待。

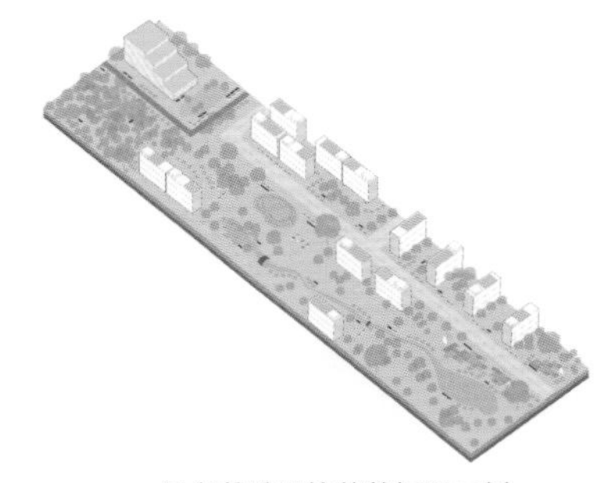
绿色基础设施的数据图示例

绿色基础设施的结构图示例

3. 聚群而居——集合住宅的意义

我们在出行时，沿途常会看到大大小小的乡镇与村落。无论是较为热闹的乡镇，还是尚不发达的村庄，它们往往都被优美的自然风景所包围。我深切地感受到，如果生活在这样的风景里，人们定会安居乐业，形成安心、安全的社区。当然，偶尔也会有因不爱交际而独居山林的人，但应该为数不多吧。

人类在漫长的进化过程中领悟到的群居的益处，如今依旧受用。作为商业化的模式之一，集合住宅可以将群居价值最大化。集合住宅的优势在于可以利用密集的高层建筑来保证充分的户外空间，并通过设置适合各年龄段使用的设施营造高品质的多样化空间。如果户外空间能作为交流场所使用，就可以发挥纽带作用，这一定会加深居民们对住宅空间的情感。随着户外空间功能的不断累积，住宅的经济价值会上升，居民的自豪感也会增强。像这样通过促进人与居住空间的互动而使居民养成良好的行为习惯的方法，正是景观设计发挥衔接功能、实现社会价值的途径。

集合住宅的妙处在于增加开放空间

集合住宅中的公用通道也是人们交流的场所

三、住宅景观设计的推进方法

1. 设计理念的确立与设计的推进

所谓设计理念，就是用抽象的语言去概括想要表达的空间、事物及活动，因为具象会缺少共通性，称不上是理念，然而也不能过于抽象，那样会显得笼统，关键在于如何去发现与各项内容相符的语言表达，从而确立设计理念。

每个项目起初都会有大致的开发理念，景观设计的首要任务就是理解这个理念。如果做不到这一点，就很难确定下一步的景观设计理念。景观设计理念是指将开发理念具体表现到空间中，并由此展开景观设计。一旦确立了设计方向，就能构筑具体的空间系统及活动内容，切实地推进设计。找不到开发理念的感觉时，就要另辟蹊径，若还是没有办法，不如暂停一下。

确立设计理念并非是一个直线的过程，而是一个循环的过程，即通过各方面的反馈不断提高设计品质。向第三方传达设计意向时，手绘图、效果图、意向图会发挥巨大的作用。通过设计理念来明确项目的设计方向，会在随后的项目推进中起到灯塔一般的作用。没有设计灵感时，便要去回顾之前构筑好的空间系统及活动内容，有时甚至还要追溯到设计理念，从而找出解决办法。所以，我们常说“困惑时就回到设计理念，重新再来”。

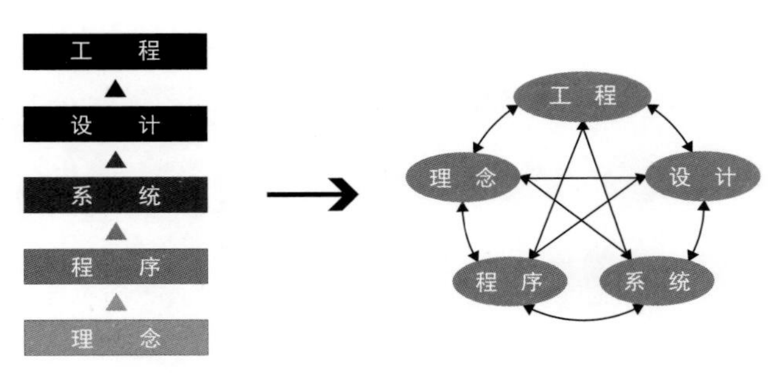

确立设计理念并非是一个直线的过程，而是一个循环的过程

2. 空间的组成方法

倘若没有灵感就很难展开设计。去现场感受，或是回忆难以忘怀的场景，都是获得设计灵感的方法。我们将切身的体会转化为记忆存储到大脑中，在使用时以概念化的方式组建景观的骨架。未经过概念化，仅凭多个意向串联而成的设计经不起推敲，也很难有新发现，难以探索出新思路。如果没有理念作为景观设计的基础，设计受阻时就难寻其因，也无从修改。换言之，如果设计无法做到可以倒推，就难以向他人进行说明，整个项目就站不住脚了。

我在设计时习惯将灵感写在笔记本上，同时挖掘项目用地周边的潜力作为推进设计的助力。德国的哲学家伊曼努尔 · 康德（Immanuel Kant）曾说过，“没有内容的思想是空虚的，没有概念的直觉是盲目的”，真是至理名言。在推进设计时，直觉与概念好似天平的两边，在把握两者平衡的同时，还需不断地将概念具象化，以此提高设计的深度。

那么如何将这个概念具象化呢？在此，我想以轴线、功能分区、景序、季节与时间这几个关键词来展示将概念具象化的方法。

对于空间系统，我们可以将其概念化并归纳为“点”“线”“面”，如下图所示。

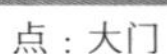

点：大门

线：道路

面：广场

①景观设计之轴线

推进设计时，建议先采用将空间秩序化、轴线化的方法。景观设计师可以寻找项目用地周边的山林、湖泊等代表性自然元素，及历史、文化设施等地标性建筑元素，这些基本元素与项目用地衔接时会构成新的轴线，如此一来便能清晰地发现设计框架，在开展设计时也更为高效。

√从宏观层面寻找轴线

详细的设计推进方法：首先，将从用地周边梳理出的轴线和建筑配置方案中的轴线都落到图纸上；其次，从中找出有意义的轴线和节点，辨别各条轴线的主次，选出作为骨架的中心轴；最后，为作为设计核心的中心轴线命名。

寻找轴线时应从以下几方面观察周边环境：

· 区域内项目用地的定位（与核心地段的关系、土地利用情况）；
· 区域内代表性自然元素的位置（山丘、森林、河川、湖泊等）；
· 历史、文化标志的位置（遗迹、寺庙、美术馆、礼堂等）；
· 日照的方位与项目用地的关系。

以上都是能看到的元素，但一些看不到的元素也可以作为“感知轴”纳入规划中。比如，东京部分地区看不到富士山，但基于富士山的存在感，有些项目也可将其作为重要的景观轴纳入规划中，这种方法也颇为有趣。

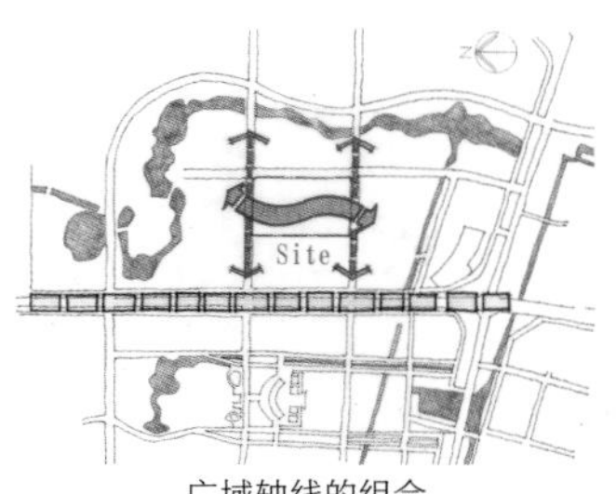

广域轴线的组合

作为感知轴的自然

√从用地周边寻找轴线

那么如何对用地周边进行细致的观察呢？周围是否有山丘等自然要素，河流流向何处，大海在哪个方向……设计师应先从这些内容开始调查。从山与海的关系来看，清晨，陆地变暖，会产生上行的海风；傍晚，大海尚有余温，会从山中吹来下行的山风，这些都能被运用到设计中去。此外，河边有清风拂过，鸟儿与昆虫随风飞舞，风虽是看不见的元素，却是非常重要的轴线。当然，自然气息浓厚的绿地也不可或缺。为了完善生物系统，享受自然带来的恩惠，最好能将生物轴线融入用地内。

此外，寻找散布在街区内各个节点的自然标志物和富有时代气息的历史与文化性地标建筑，将它们融入轴线中并反映到设计上，会使用地与街区的衔接更加生动、具体。

以杭州广宇鼎悦府项目中设计的组合方法为例，该项目用地被市政道路分为东西两块。为保证两地块在空间上的连续，组建南北轴线就变得十分必要。因此，我们在楼间空地设置了贯穿南北的主要园路，并沿路布置溪流与水池来强化整体设计的框架结构与延续性。为了强调轴线，我们还在会所广场上设置石柱纪念碑。垂直延伸的石柱会让人产生强烈的直线感，而椭圆形置石则作为自然的象征。

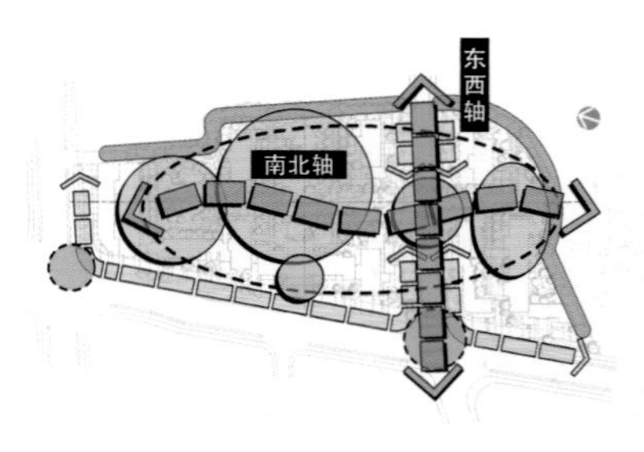

杭州广宇鼎悦府的南北轴线与东西轴线

东西轴线

南北轴线

② 景观设计之功能分区

设置功能分区是为了在设计中能够均衡地配置各种功能空间，明确每个功能的范围。在住宅设计中，具有引导功能的主入口通道必不可少，而静谧的休憩空间、孩子的嬉戏空间、大人的活动空间也不可或缺。只有将这些空间系统地组织起来，居民才能更加有效地加以利用。

设置功能分区，要将“点”“线”“面”三要素有机地组合起来。但归根结底，这只是概念上的梳理行为，实际中还需结合现场条件推进设计。若能从“点”“线”“面”三个方面深化各个场所的固定名称，设计表现会更加个性化。概念性语言在推进设计时非常有效，将语言所蕴含的意境表现出来能产生更多独特的设计。此外，由于项目情况不同，有时一张功能分区图不能满足设计需求，那么可将空间细化，绘制子区域功能分区图。

大空间尺度的功能分区可以是开发区与保护区，动态活动区与静态活动区，自然视角的山区、平原区、街区等，在表达出大致的设计方向之后，如能在此基础上将功能分区进一步细化，局部设计就会更加生动鲜明。

这里有两条注意事项。其一，功能分区并非最终目的，而是一种设计手段，设计师有时需要返回原点，反思做此设计的原因。要避免将功能分区目的化、固定化，应根据具体情况灵活处理。其二，每个分区都不会分得特别彻底，一定会有叠加的部分，因此推进设计时需要用分层法研究分区的合理性，以解决其中的问题。

深圳汉京九榕台

主入口

中央广场

架空层

③ 景观设计之景序

前述的景观轴线的构成是视觉上的，或者说是抽象的线条，而景序则是到达目的地之前具体的行走路线，或是在用地内环游时产生的时间与空间的联动。景序是景观设计中最具魅力的部分，景序的设计不单指设计活动及功能，还指设计居民在步行过程中的深层次体验，让居民可以度过回味绵长的时光。此外，一年之中的四季变化、一天之内的阴晴风雨等景观和天象都可以成为很好的设计元素。特别是住宅空间，那是居民长年居住的空间，我们在赋予每个空间特色的同时，还要让居民喜爱。为此，广场、园路、水面、草坪、树木等基础元素，凉亭、桌椅组合、游具、标识等节点元素都应具有高级的设计感，努力成为能够留在人们心中的景物。在景观设计中，植物的设计一直是极为重要的课题，我们需要在预测其未来长势的基础上进行设计。

景序的具体设计手法包括若隐若现、动静结合、快慢结合、地标的左右配置、景物过渡等。设计师需不断尝试用这些手法来营造百看不厌的空间。苏州棠北别墅是以植物为主题来打造景序的：来到入口区，首先映入眼帘的是高端大气的景墙，透过门扉可以看到内部景观，跨过小桥便进入了住宅公共区，紧接着再一次通过渡桥从住宅公共区过渡到各栋住宅的私密空间。

苏州棠北别墅

入口大门

通往住宅的中门

入户通道

④ 景观设计之季节与时间

在我们的生活中每天都发生着多种自然现象，虽有地震、台风、洪水等灾害，但也有数之不尽的自然的“恩惠”。景观设计的巧妙之处就是将自然的恩惠运用到生活空间中。

中国地域辽阔，气候多样，有的地区四季分明，有的地区则四季如春，这是我们在设计中应当充分利用的要素。同时，如果街区内的植物能让人联想到某些历史典故，景观的内涵便会显得越发深邃。此外，如果能提供让人们在生日、结婚纪念日、开学典礼等对家庭具有特殊意义的日子拍纪念照、充分放松的空间，一定会给居民们留下深刻的记忆。比如，让居民能在孩子的生日种上一棵树，那么树木的成长也就代表了下一代的成长，居民可真正体验到“幸福的空间与时间”。如下图所示，苏州棠北别墅项目是以“四君子物语”为主题进行植栽规划的。

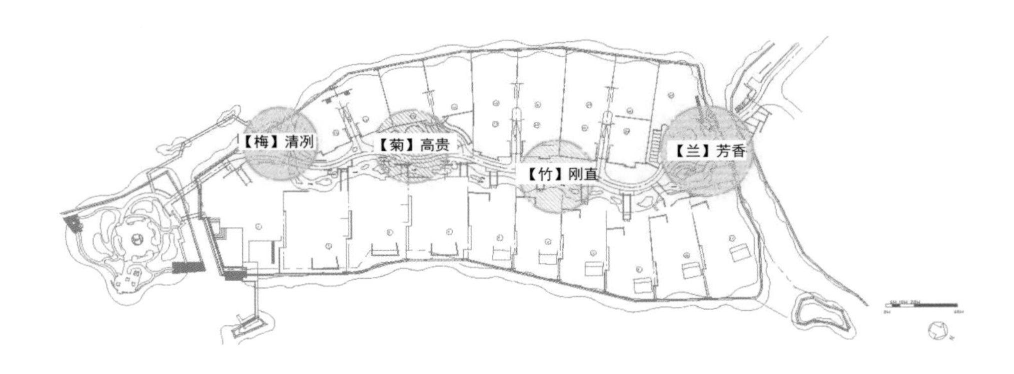

苏州棠北别墅

梅

菊（菊科）

竹

兰

四、住宅景观的分区设计

到目前为止，本书主要阐述的是设计的框架结构，接下来将介绍具体的空间设计。设计充满魅力的住宅景观不但需要将各个独立空间变为一个整体，还必须从人性化尺度出发，细致地推敲设计方案。那么，如何打造住宅区外部给人的第一印象呢？我们就从主入口区的设计开始说明。

1. 主入口区的设计

①具有亮点的景观

“怎样的入口景观才最适合自己的小区”，大家一定都想过这个问题吧？这既是我们每天都会看到的空间，也是迎接来访好友的空间，设计时要同时满足这两个需求。作为居住者，我们既想要能让自己感到舒适的空间色彩与质感，同时又希望能给来访的好友带来些惊喜，难点在于如何把握两者之间的平衡。在重庆天地雍江项目中以跌水和台阶来表现的主入口，在杭州广宇鼎悦府项目中以雕塑小品的形式来表现的主入口，在苏州棠北别墅中以跌水的雾气来表现的主入口，都恰到好处地把握了两者的平衡。

以跌水与台阶来表现

以小品来表现

以雾气来表现

②开放式景观与封闭式景观

未来的住宅景观设计应在提升城市环境方面做出重大贡献，住宅的自然环境也应当作为城市绿色基础设施的一部分发挥作用。因此，住宅景观需要采用内外衔接的方式，但是从住宅区的安全防护、居住品质的角度来看，又有必要采用封闭的方式，那么平衡二者之间的关系便是景观设计师的职责所在。

从讨论项目理念开始，设计师就要围绕相关事项展开讨论，明确采用开放式设计还是封闭式设计，其结果取决于开发商如何看待规划项目与街区之间的关系。现今社会虽然更偏向于营造封闭式环境，但从长远角度出发，应当规划出更多与所在区域紧密联系的住宅项目。

例如，将住宅区围墙的一部分（上半部或下半部）做成格栅状，这样不但有助于通风，也方便小昆虫穿行。植物的生长需要风，因此通风条件欠佳的中庭必须考虑通风问题。换言之，不要完全的封闭，也不要完全的开放，而是让封闭与开放相协调，形成富有变化的设计。

住宅区围墙

2. 外侧区域的设计

①保护内部空间的景观

从外部保护住宅区，需要设置围栏和景墙，但是由于立地条件和项目的开发理念不同，围栏和景墙的表现方法也是呈多样化的。为了提升安全性能，可以连续设置高墙，但这样设计会显得单调，也很难对街区景观做出贡献。而且，如果连续设置高墙，会导致内部通风条件差，这样在生物多样性方面也会存在问题，因此可以在局部设置围栏。景墙与围栏的选用取决于项目理念，其表现方法不胜枚举。例如，有的位于城市中心的住宅区会为了营造区别于周围环境的另一番世界，采用硬质景墙。

封闭式景观设计

②内外和谐的景观

苏州棠北别墅这个项目的场地被湖环绕，因此无须设置围栏、景墙就能营造出理想化的景观，如此优秀的立地条件十分珍贵。本书中的一些项目则通过利用地势高差及水路，以及在远离建筑的地方设立围栏的方式，既打造出宛如在大自然中生活一般的居住环境，又保证了住宅区的安全。

开放式景观设计

3. 核心区的设计

①开放式景观

群居最大的优势就在于住宅用地内拥有大面积的开放式空间。广袤的天空下的开放式空间是住宅设计中的标志性空间。设计师应尽力将其打造成可供居民自由使用的空间，并以此为契机，引导居民们在这里开展团体活动，建立良好的沟通关系。除宽敞的草坪广场外，开阔的水面也能使居民的身心舒畅。

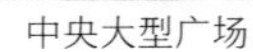

中央大型广场

开阔的水面

用轴线表现宽敞的空间

②多功能景观

可供多人使用的开放场地内应设置能满足各年龄层居民需求的空间。无锡海岸城郦园（二期）项目在中央区域围绕着宽敞的开放空间设计了环游园路，并沿路设置了儿童广场、流水之庭、草坪广场、樱花行道树等，引导居民们在此开展多种活动。

儿童广场

流水之庭

草坪广场

4. 聚集空间的设计

①静态的景观

住宅区中的静谧空间是人们梦寐以求的。为此，住宅区内需要设置满足散步、休憩等多种功能需求的场地。若能建立起居民与自然、邻居的联系，便能帮助人们编织出多彩的生活。作为连接多种关系的纽带，园区内还需设置花卉、绿植、流水等。

溪流旁的休憩空间

正对园路的坐凳

幽静的园路

②动态的景观

即便是静谧的住宅区，也需要孩子们的欢笑声与大人们的交谈声。设计师应根据人们的需要设计生机盎然的景观，通过景观设施鼓励居民进行户外活动，从而养成健康的生活方式。

儿童广场

泳池

园路旁的健身器材

5. 住宅入户区的设计

①通向住宅的入户景观

住宅入户空间的景观需要细腻的人性化尺度。设计师可以采用给人以温暖感的材料，打造令人想去触摸的质感，绝对不能做耀眼的、充满尖锐感的设计。此外，要善用图形与色彩，让入户处的外形及色彩的变化循序渐进，这样才能演绎出家的感觉。

渡桥入户

穿门入户

宽敞的架空层的入户设计

②架空层的景观

虽然迄今为止，架空层一直被划分到室内空间，但是近年来，与外界一体化的住宅空间架空层颇为流行，所以景观设计师也会频繁地参与架空层的设计。架空层可以为人们提供交流的空间，具有静谧、柔和、宽敞的特点，因此这里需要摆放些具有高级感的室外家具、可供观赏的艺术小品，以打造高品质的空间。

连接外部空间与架空层的动线

静谧的休憩空间

五、景观施工建议

前文对住宅景观设计的推进方法进行了说明，但任何一个项目都是具体的实体空间，如果后期施工不以设计理念为基础准确地落实，那前期的设计将变得毫无意义。景观营造最容易出现的问题是施工质量不高，最终直接影响到作品的品质。任凭设计怎样优秀，倘若施工质量不过关，便无法成就好的作品。近年来，中国的建筑及室内施工技术实现了快速发展，但景观施工方面仍略显不足。

究其根本原因，我认为应该是施工人员的社会地位不高。严寒酷暑等苛刻的劳动环境让多数人对这一职业敬而远之，劳神伤身也让人望而却步。但换个角度看，能在广阔的空间中打造出绝美的风景，这是其他职业无法比拟的，特别是竣工后，看到孩子们愉快地玩耍，老人们悠闲地晒太阳，幸福感会油然而生。如果施工人员能够不受职业观念的束缚，愉快地去工作，相信社会对这一职业的认识也会逐渐地向更好的方向发展。

景观施工过程中的负责人通常被称为景观工程师（landscape engineer），需负责整体工程的统筹规划，与铺装、置石、游乐设施、植栽等各方专业技术人员合作。施工现场若没有负责管理工程、品质的景观工程师，工程便无法顺利推进。景观工程师将各领域的专业人员聚集到一起，高效、出色地完成工作，同时还可体验到“治山理水”的成就感。

为了清晰地阐述景观施工的注意要点，下面从硬质景观与软质景观两方面来进行具体说明。

1. 硬质景观

①土方设计、微地形

· 覆土会因雨水而沉降，因此堆土略高一些能恰好保持平衡。

· 如山峦起伏般的地形是景观设计中的必要元素，施工过程中需在现场反复确认。

· 在微地形与铺装区的衔接处，填土层要设置得薄一些（10 厘米左右），并呈现平坦的土面，注意不要让砂土覆盖铺装。

②铺装

· 地基的土层需碾压至均匀、平整，否则未来可能会出现不均匀沉降的情况，因此施工时必须十分仔细，可根据具体情况，选择是否对土质进行改良。

· 即便是同种材料，品质也可能会参差不齐，因此进行石材铺贴时，挑选材料需要十分严谨。

· 在景墙与铺装衔接时，通常先砌筑景墙，再将其外延做铺装，这是处理好衔接关系的小技巧。

· 确认铺装样式，即使再小的部分也需要仔细斟酌，否则施工后铺装会松动、脱落。

· 木平台的材料选择至关重要，需注意平台端部的外观处理，连小至一根钉子的细节都要考虑到。

③堆石挡墙

· 天然堆石挡墙的压顶需保持平整，使整体看起来是水平的。

· 天然堆石的每一块石材的尺寸都要保持规整，端部要选用形状较好的石材。

· 接缝处采用深接缝处理来保留空隙，为小型生物提供住所。

④水池、溪流

· 开阔的水池需将基础做牢固，池底使用钢筋混凝土以防止开裂。

· 水池四周需用直立钢筋从底部向上做垂直固定，使用钢筋混凝土构造能保证水池不会开裂、漏水。

· 水池、溪流的底部至驳岸处需留出足够的宽度，在驳岸内侧摆放石组可营造自然的氛围。

⑤养护

· 为防止施工过程中弄脏已经完工的部分，应提前铺设苫布，保持现场整洁。

2. 软质景观

①乔木

· 种植乔木时，应将捆扎的枝条舒展开，恢复原形，并修剪掉多余的枝条，使树形通透、美观。

· 除专门沿直线种植的乔木外，平面种植时应以不等边三角形为标准布置种植点。

· 确定树木的阴阳面，保证栽种树木的垂直性，用水和土充分固定树基以防止树木倾斜。

· 树木支架采用新技术来设置。

②小乔木与灌木

· 考虑到植物未来的长势，不宜种植得过密。

· 小乔木与灌木均需修剪出流畅的外观线条。

③养护

· 需要注意的是，有时为了防止树木枯死，可能需要修剪掉大部分枝条。

· 遇到狂风或暴晒时，需要在根部铺设保护网或根据情况增加浇水次数。

以上阐述的只是施工过程中的部分内容，希望景观工程师能够将现场问题逐一解决，不断提升施工技能。

六、景观设计实战分析

注：本书所有技术图数据单位均为毫米

01 苏州棠北别墅

湖心离岛臻墅——
尽显高品质的环境与“四君子物语”的散步道

规　模：53 800 平方米

设计思路

苏州棠北别墅是堪称“湖心离岛臻墅”的独户住宅项目。该项目将原本的半岛基地改为离岛，旨在建造极私密的高端别墅。基于用地周围一望无际的独墅湖，项目力求打造宽广辽阔、丰润自然、祥和宁静的城市度假居所。设计以“让岁月为景观增添韵味”为主题，并以格调高雅的装饰彰显豪宅气质。

被宽阔宁静的独墅湖环绕是项目用地的优势。为了充分利用开放式空间的优势，设计师在离岛内部设计了景观主轴，通过布置高密度的自然空间来“款待”居民。“款待”空间是让人们身心得以充分放松的空间，其设计的关键在于怎样为回家的人们提供丰富体验的景观。“回家之路”的演绎共分为“三进”。

“一进”为臻墅门庭，即穿过入口大门，跨桥进入用地的空间。这里以水面作为内外分界线，设桥跨河，引领人们步入私属领域。小桥的栏杆简约且富有韵律感，尽端附近设有一处跌水景观，演奏出悠扬的“乐曲”，迎接前来的宾客。“二进”为“登堂入室”，即穿过会所广场的大门后，抵达各宅邸的入户空间。该处有一条溪流，其周边空间名为“曲水回廊”。清澈的溪水蜿蜒流淌，变换成各种姿态来“取悦”人们。时隐时现的宅邸和层台累榭的布局增强了景深感。在从“田园”到“山野”的空间变换中融入了“四君子物语”，演绎了景观的文化性和润泽感。华丽热闹的“田园”、充满野趣的水畔、绿意盎然的园路引导着主人回家。“三进”为小桥流水，即穿门柱、跨小溪、过石桥，进入住宅内部的空间。风格厚重的小桥提升了入户空间的品质，演绎出由溪流引领入宅的情境。流水与林木的运用达到了使建筑与景观互相映衬的效果。

整条“回家之路”着力划分区域，以层层景序提升空间的归属感与格调感，同时令生活空间与水为伴，实现“小桥流水人家”的美好愿景。大量石材的运用体现了浓郁的苏州园林风情。穿过植物繁茂的入口来到湖边，遥望宽阔的湖面，以往仅在影视剧中才能看到的场景在这里真实地展现，将每一位业主的湖景度假体验提升到极致。

每户均可独享湖景是此项目的最大卖点。远离世俗的喧嚣，踏上湖心小岛，沿着园路前行，跨小桥，入内宅——在整个入户过程中，人们可以先后两次欣赏水景，奢华感十足。此外，湖景与宅邸的大小景观对接，步移景异的视线诱导组成的核心景观框架，再加上精致的细部设计，营造出高品质的空间。

整体规划

项目的总平面图如同一片树叶。人们经过中心线的“主叶脉”，顺着向外扩展的“侧脉”进入各自宅邸。简洁明了的主轴线和左右蜿蜒伸展的园路创造了景序的变化。园区的最深处则是供居住者享用的浑然天成的自然空间。

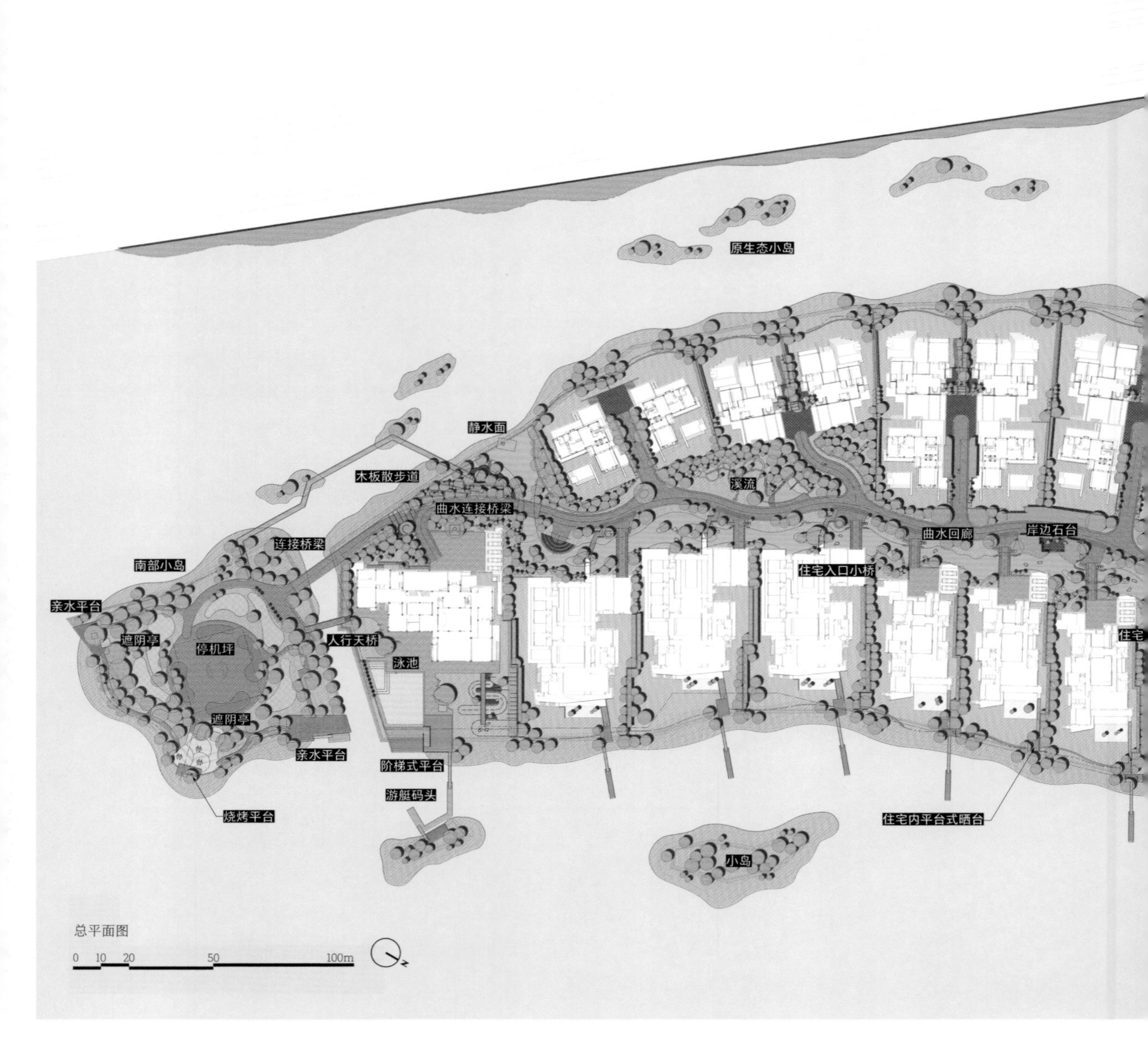

总平面图

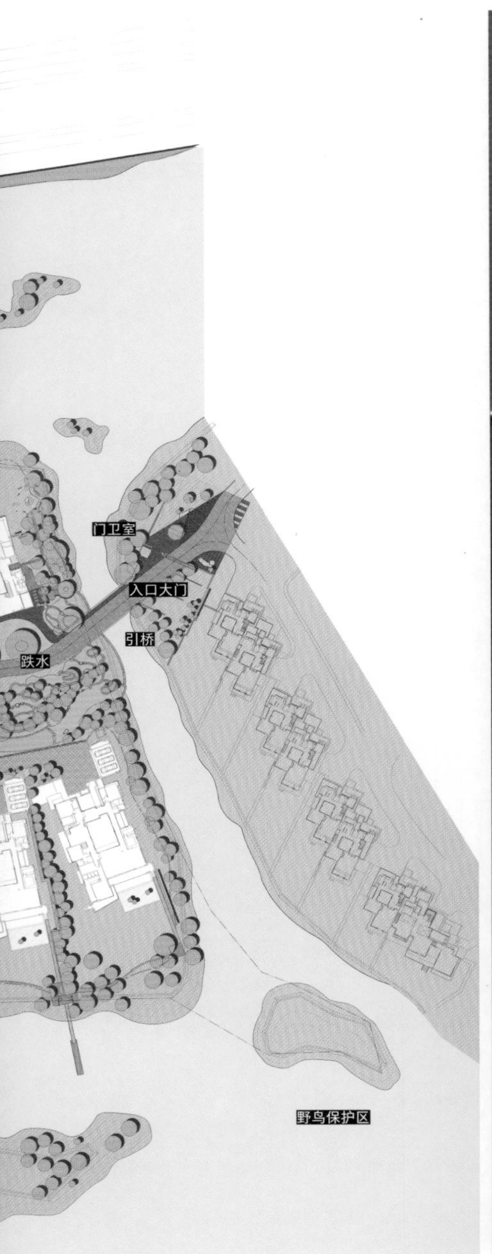

从宅邸内的泳池远眺对岸街景

核心空间

曲水回廊

规划概念概要：打造体现“自豪”与“款待”的精神空间（映射禅心的景观）
- 充分发挥水都苏州的风土特性，展现伴水而居的生活
- 丰富的文化性，高品位的生活舞台
- 作为以环境为重的时代象征，让人们享受自然的“款待”

···▸

- 以“四君子物语”的主题为基调，力图创造自然、高雅且极具文化氛围的空间
- 从道路入口处到南部小岛，充分体现了景色从“田园”到“山野”的自然转换

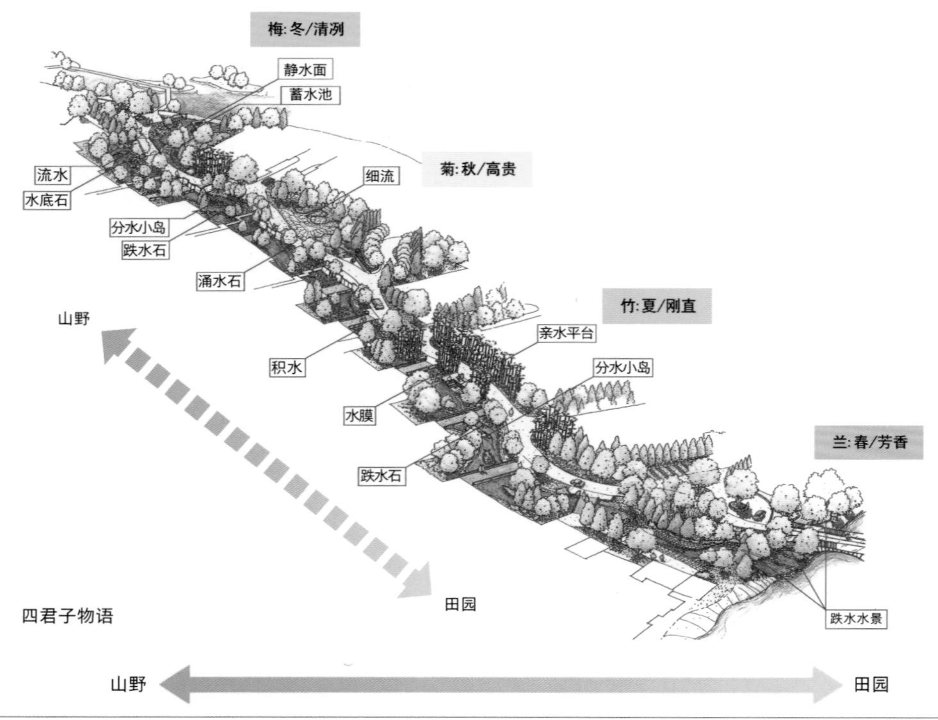

山野 ⟷ 田园

“四君子物语”的空间设计				
四君子	【梅】清冽 冬	【菊】高贵 秋	【竹】刚直 夏	【兰】芳香 春
空间构思：连续景色的变化	·展现“山野”之静谧的池 ·以静谧、满溢的水面为中心演绎的舒畅空间	·回廊与水面的关系 ·沿道路设置诱发人们戏水之心的设施作为景观节点，整个空间尽显风雅	·竹要体现“禅”的意境，追求简洁、素朴的空间感 ·沿道路种植竹时，追求“帘”的效果，缩小视野范围（力求达到张弛有度的连续景观的效果）	·街区与安静的住宅空间之间的衔接点——玄关 ·以跌水设施和会所为中心描绘的体现“自豪”与“款待”的精神空间
主要设施	池中积水、静水面（取水处）等	山野细流、石渠等	岸边石台、分水小岛等	主入口大门、门卫室、主入口处引桥、跌水水景、会所等
水岸形态	由水和营建原生态风景的水生野草相映成趣的野趣水岸	用芦苇与具有观赏价值的野草等富有野趣的水生植物打造既有趣味性，又具高度观赏性的庭园式水岸	设置供人进一步体验水趣的岸边石台	用与入口广场和跌水设施相映衬的开花类植栽来装点四季，让小区的玄关口成为体现“款待”的空间

“四君子物语”

重要节点

入口广场

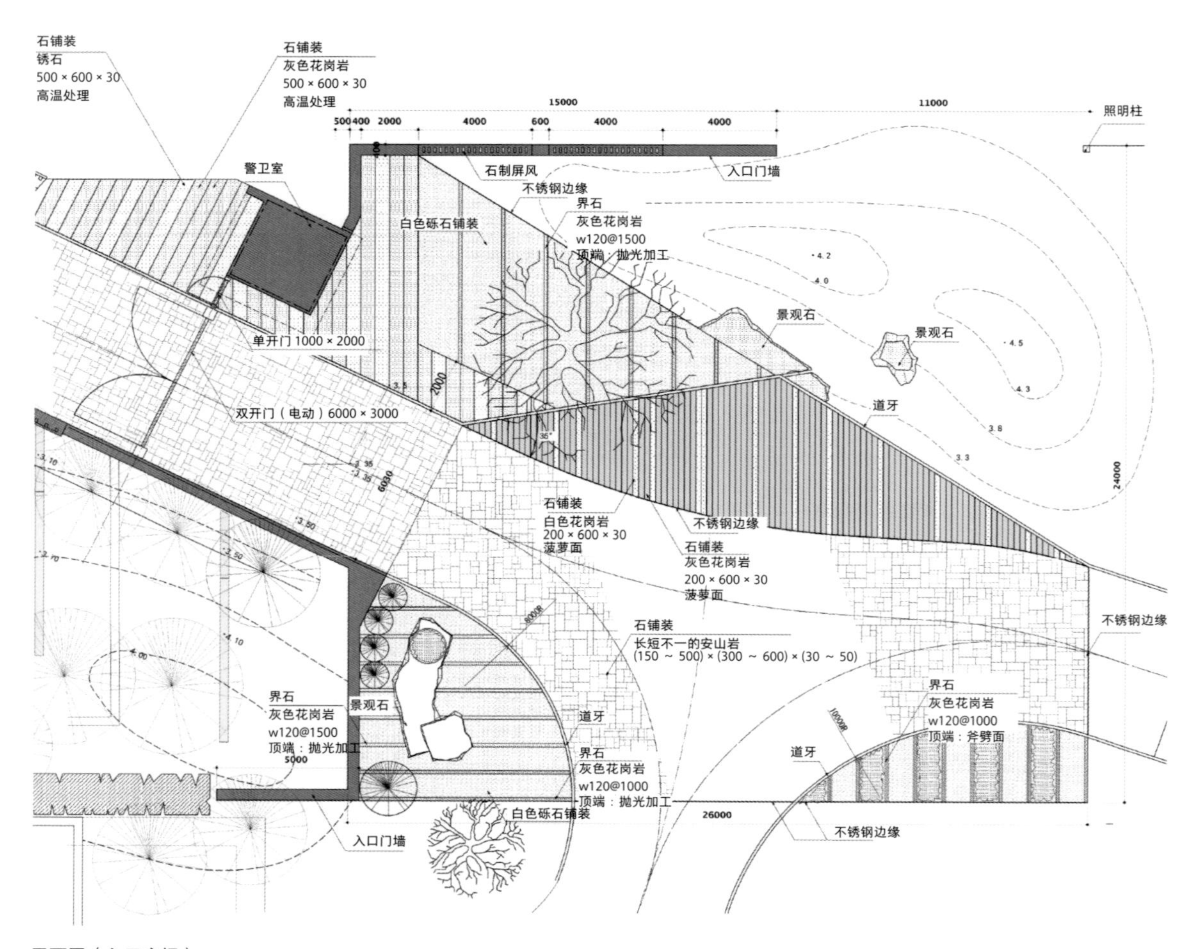

平面图（入口广场）

为了营造格调高雅的景观，会所广场的空间设置得较为开阔，并以规则的水平线作为基础线条。与此相反，为了让人们对内部丰盈的自然环境产生遐想，景墙后种植了高大的树木，强调垂直线条的树形与前庭中拥有柔和线条的树木形成鲜明对比，展现出设计的多样性。

入口景观的意向手绘

入口广场的设计强调水平与垂直的对比

入口广场的意向手绘

借助框景来衔接内外景观

桥的设计

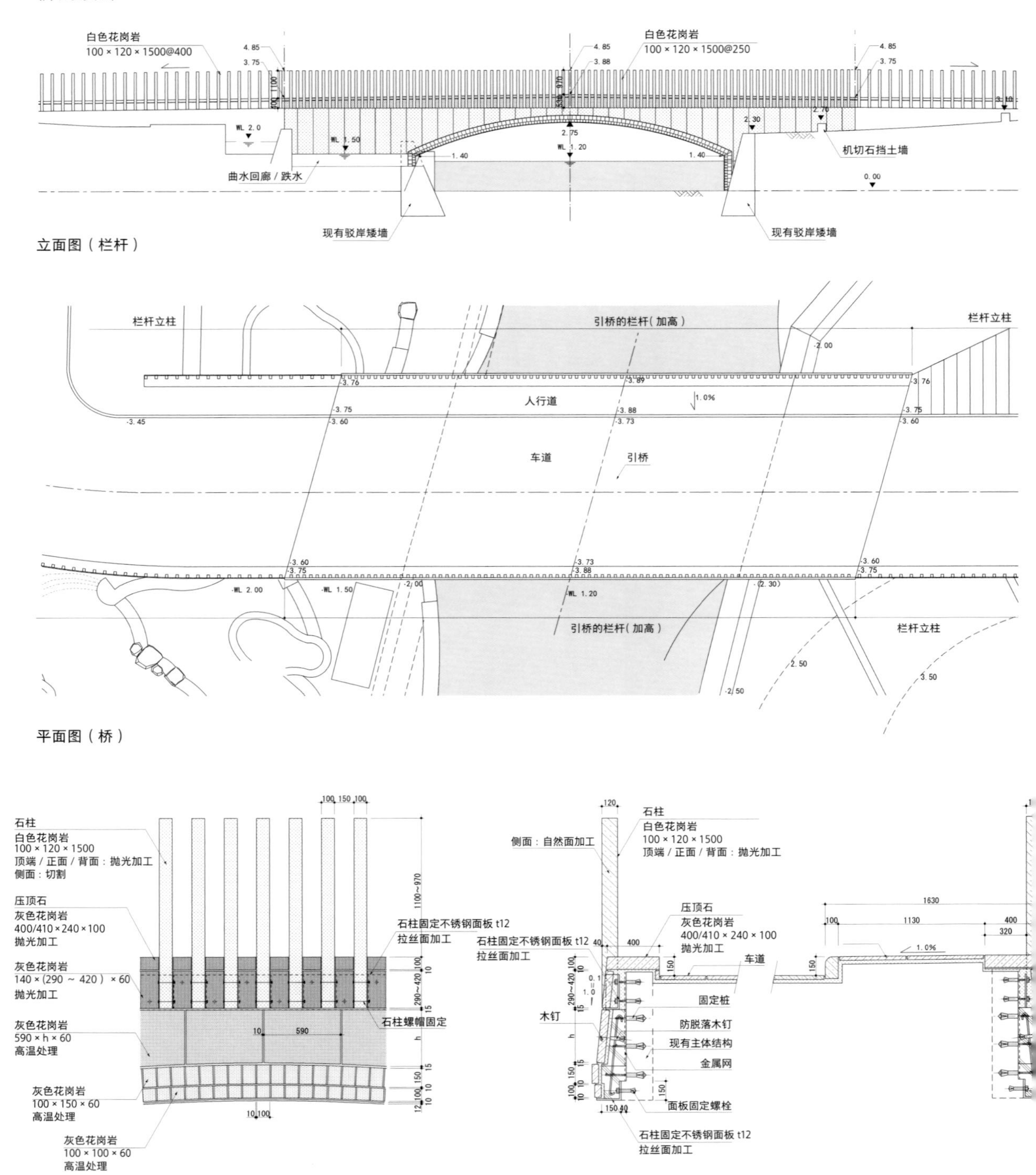

立面图（栏杆）

平面图（桥）

立面图（桥）

剖面图（桥）

高挑的树木与栏杆相映成趣

突出景观效果的栏杆设计

通往宅邸的标志性景桥的意向手绘

主要园路

住宅区的入户大门

住宅区入户大门的意向手绘

会所与住宅区的分界处设置了简约的大门，以柔和的方式进行了功能分区。园路两侧的灰色铺装带勾勒出园路蜿蜒曲折的形态。最深处的景观被隐藏在茂密的树木后，让人忍不住停下脚步去欣赏。在园区深处，脚下园路的铺装材料被换成小规格的石材，体现了设计的人性化尺度。

住宅区深处景观

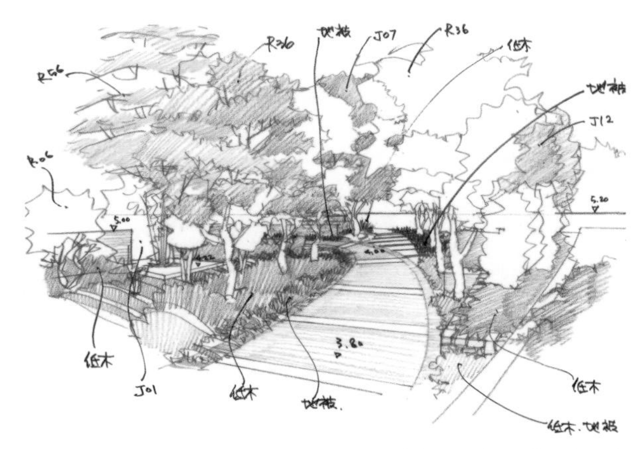

住宅区深处景观的意向手绘

会所前广场

各种立体水景

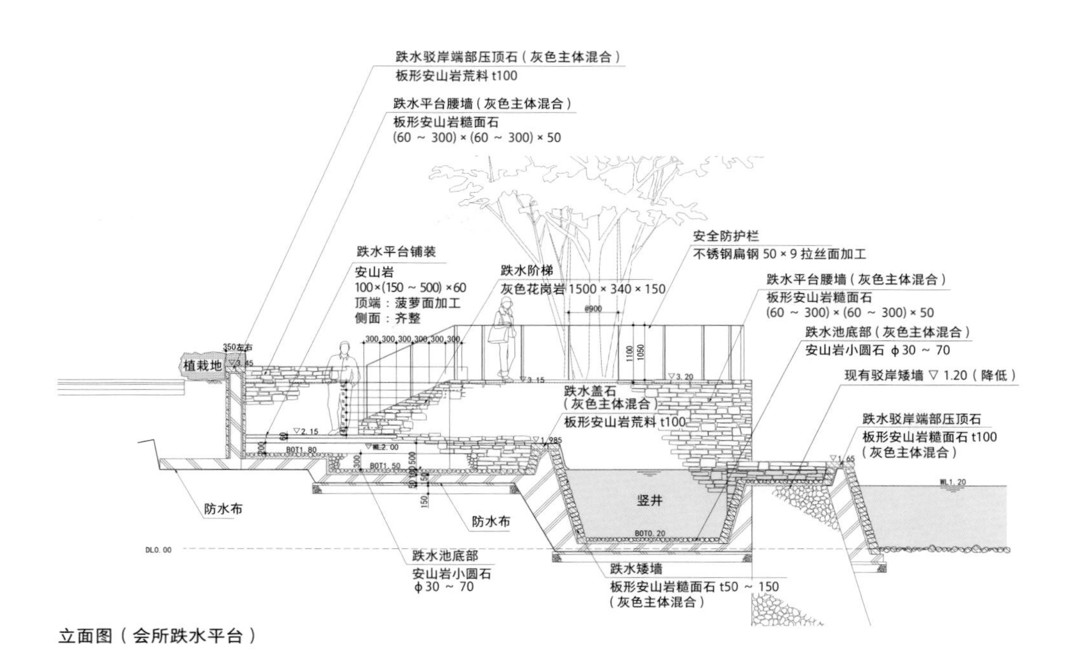

立面图（会所跌水平台）

跌水压顶石（灰色主体混合）
板形安山岩糙面石 t100
跌水矮墙（灰色主体混合）
板形安山岩 t50 ~ 150
驳岸端部
跌水池底部（灰色主体混合）
安山岩小圆石 ϕ30 ~ 70
混凝土
水泥 1：3

剖面图（水池）

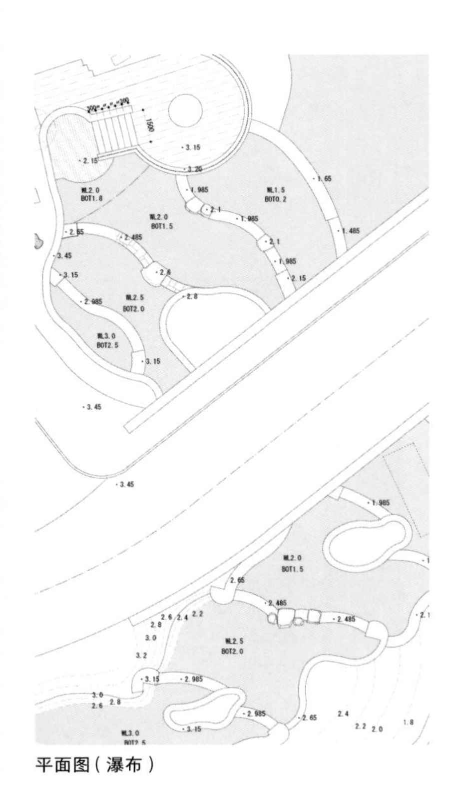

平面图（瀑布）

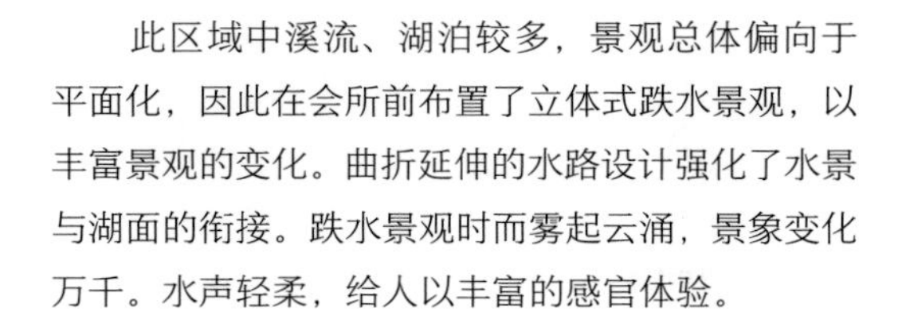

此区域中溪流、湖泊较多，景观总体偏向于平面化，因此在会所前布置了立体式跌水景观，以丰富景观的变化。曲折延伸的水路设计强化了水景与湖面的衔接。跌水景观时而雾起云涌，景象变化万千。水声轻柔，给人以丰富的感官体验。

园路旁的庭院

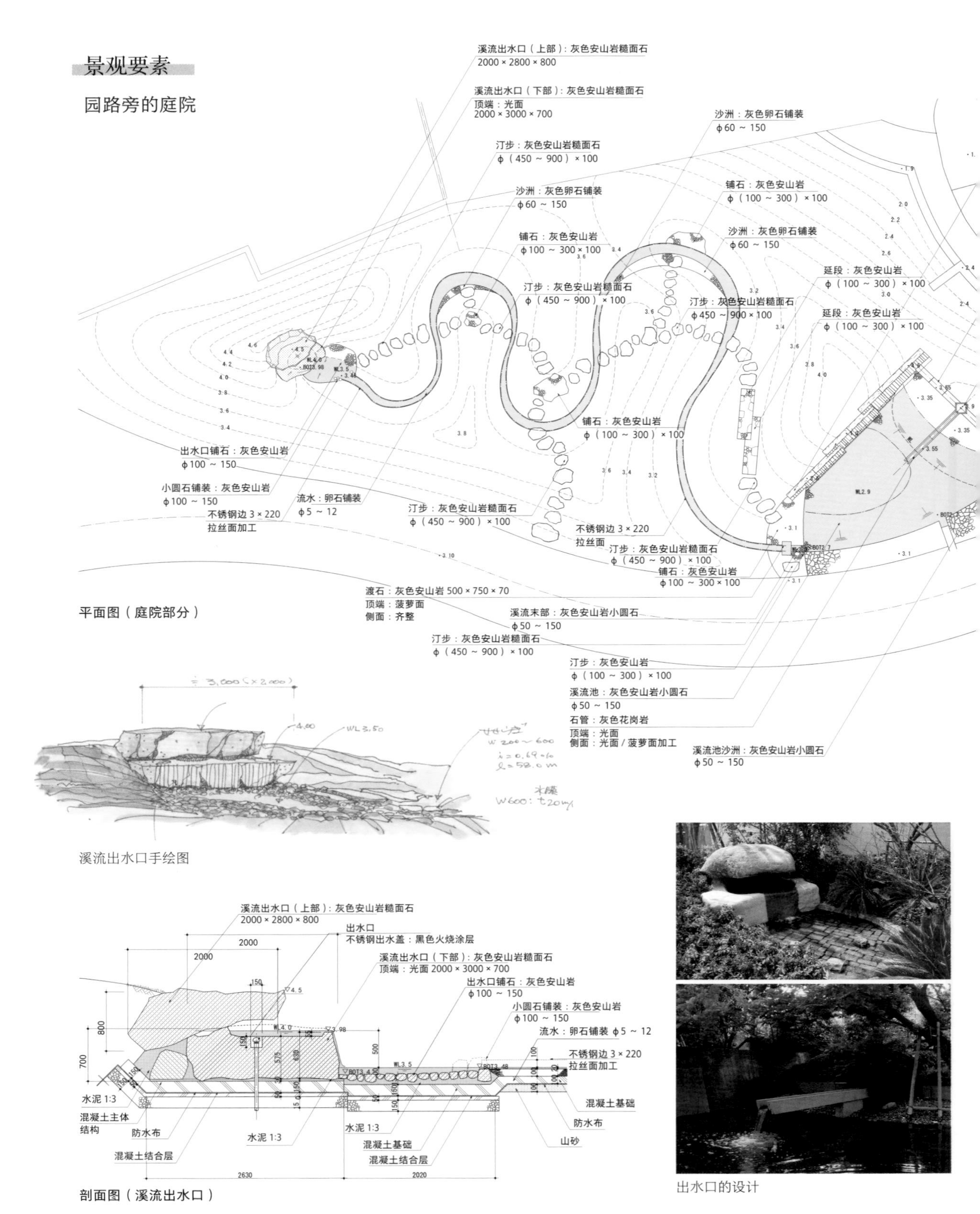

平面图（庭院部分）

溪流出水口手绘图

剖面图（溪流出水口）

出水口的设计

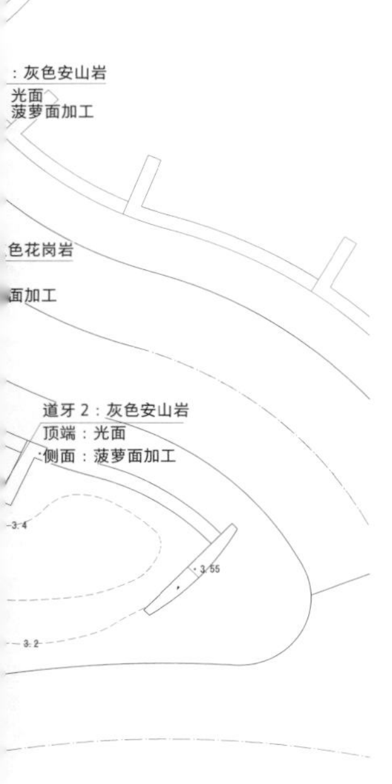

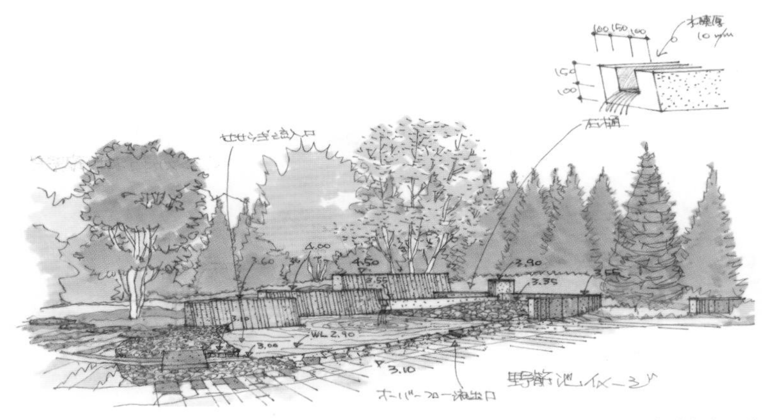

水池意向手绘

沿着园路还有一处现代的流水景观，采用不锈钢水槽，借助我们在以往的设计中极少使用的金属材料打造出崭新的节点景观。像这样用小场景构建出迷你景观世界也是设计的妙处之一。

简约、曲折的流水沿着草坪蜿蜒向前

不锈钢收边的驳岸画出优雅的曲线

宅邸入户空间

在宅邸入口设置长桥作为入户通道，营造出独特的空间氛围

小桥流水人家

“小桥流水人家”的情景会给居住者带来愉悦的入户心情。入户时，人们还可以观赏到水面倒映的树影。小桥及宅门的设计提升了宅邸的格调，同时增强了私密感。

门前小桥、栏杆、大门、植栽的景观搭配

回家的路上设置河中小岛来使入户空间产生变化

宅邸前庭等

宅邸前庭与中庭的细部景观设计

设施细节

遮阴亭

遮阴亭与亭后景色的平衡至关重要

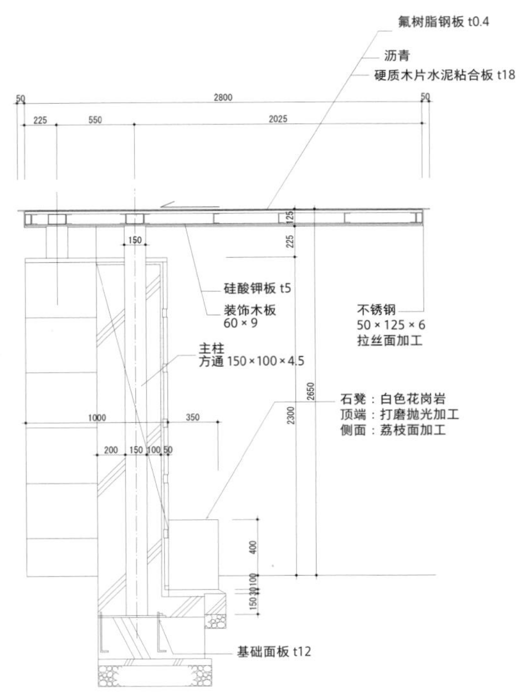

剖面图（遮阴亭）

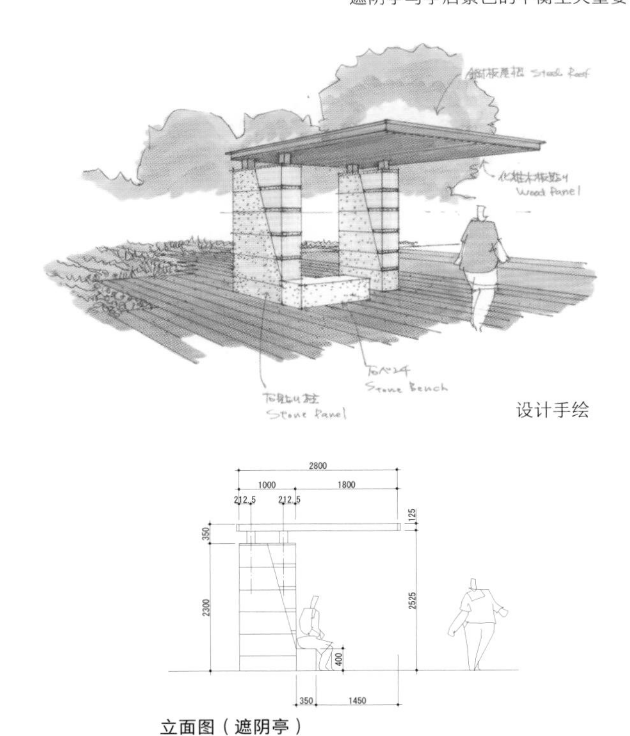

立面图（遮阴亭）

设施细节

涌水池与水上平台

出水口、水池及前方开阔的湖面

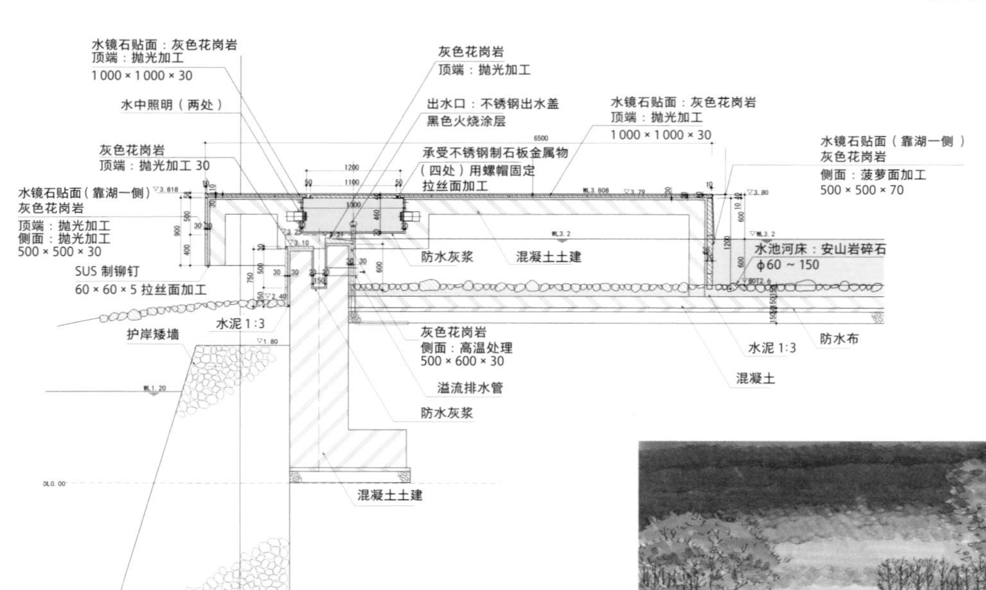

剖面图（涌水池与水上平台）

出水口设在静静的水面上，水池宛如与湖泊合而为一，漫无边际。人们可以在此享受春日温暖的阳光、盛夏夕阳的余晖和深秋皎洁的月光。

落日余晖

湖畔的木平台

项目借助规划用地为离岛的这一特色，将园路的一部分延伸至湖中，设置了亲近自然的木栈道。

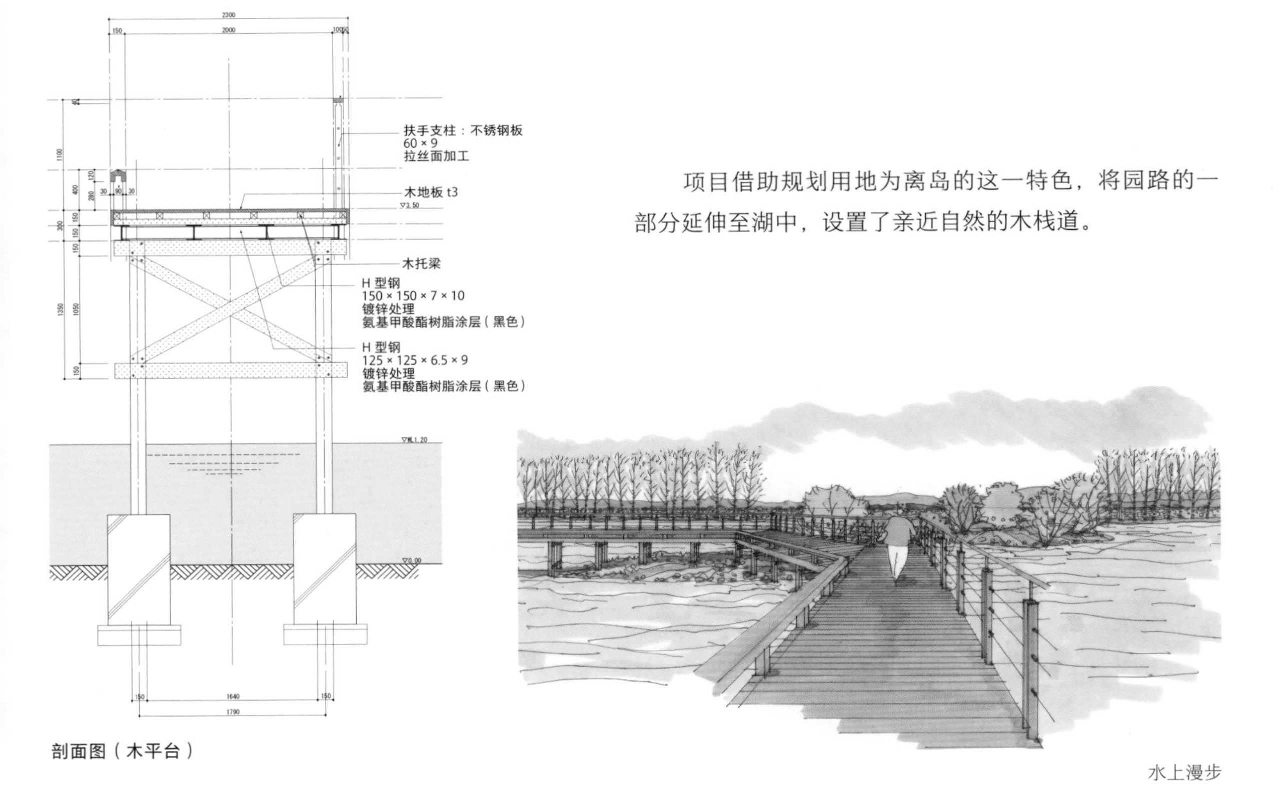

剖面图（木平台）

水上漫步

02 重庆龙湖源著

森林与水的环游庭园——
围绕中央水景环游的景序变幻

规　模：118 900 平方米

设计思路

该项目占地 118 900 平方米，与体育公园相邻。秉持“森林与水的环游庭园”的设计理念，项目希望借景体育公园，打造一个能够让居住者体验到四季更迭的七彩园区。

高层住宅周边的空间宽敞舒适，中层住宅则由小路相连接。以“水”和“绿”为主题的景观轴与体育公园相互呼应，将分散、富于变化的多种空间按照景观序列系统地组织起来。环游式庭园设计以“与四季多变的自然互动”为基础，尝试建立与时代背景相契合的“人与绿”“人与人”的关系，形成绿意丰盈的居住环境。

为实现“森林与水的环游庭园”，整个园区被四季变化分明的茂密的树木所覆盖，并配以各种形态的水景。水景以壁泉水池、幽谷、溪流、林间水池等为主，让人们体验水的莹润、光色、声音和气味。另外，项目特别注重选用符合空间尺度及氛围的材料，并尽可能用自然材料代替人工材料，比如，中层住宅的庭院空间使用的是烧结砖及水洗石等质朴的铺装材料。

西南入口设置了气势恢宏的跌水台阶，为人们送上惊喜，而东入口则采用曲面壁泉水池与蜿蜒的园路来迎接居住者。环游园路旁的参天大树亭亭如盖，流水与园路的交错形成丰富的景序变化，为居住者提供散步、休憩、聚会的空间。

设计着重表现了作为住宅区门户的两处入口空间。西南入口在具有高差的地形上设置的跌水台阶是入户通道的标志。天然石材叠加成高低起伏的形态，使流水溅出层层白色的波浪，营造出魅力十足的景观。淙淙的水声与如同浮于水面的台阶，形成了动与静的对比。而东入口的景观则由自然起伏的草坡与动静结合的水景构成。壁泉柔和的流水有规律地落下，宛如白色的丝线，十分优雅。舒缓蜿蜒的园路层层深入，顺着水景即可到达各住宅的入口。两处入口景观作为重庆龙湖源著的象征，给居民与宾客留下了美好的回忆。

框架体系

两处入口与环游动线

总平面图

西南入口的跌水区

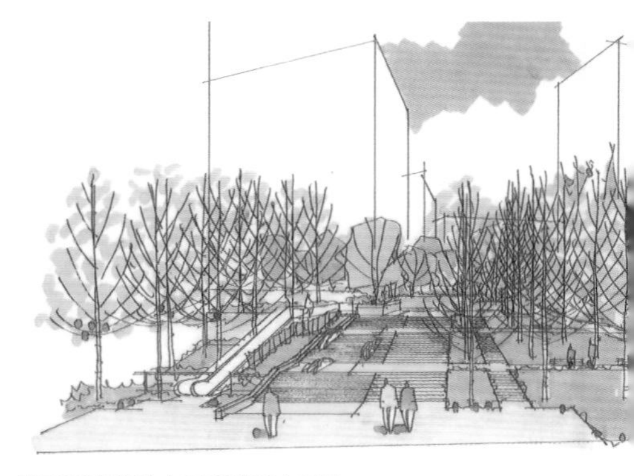

从正面观赏跌水景观的意向手绘

设计住宅景观时，入口给人的印象尤为重要。入口空间是生活空间的延续，因此入口景观应该是令人自豪的，从入口延伸至园区深处的环游动线两侧的景观也应当魅力十足。该项目通过设计环绕整个住宅区的园路和沿水的散步道，构筑出充满变化的风景，为居民提供可邂逅多样自然景观的机会。

东入口的静态水景与壁泉

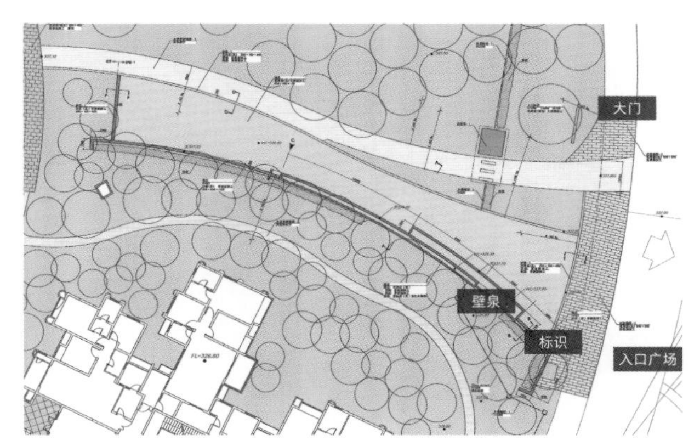

平面图（东入口）

静态水景与壁泉的意向手绘

设计亮点

水之物语

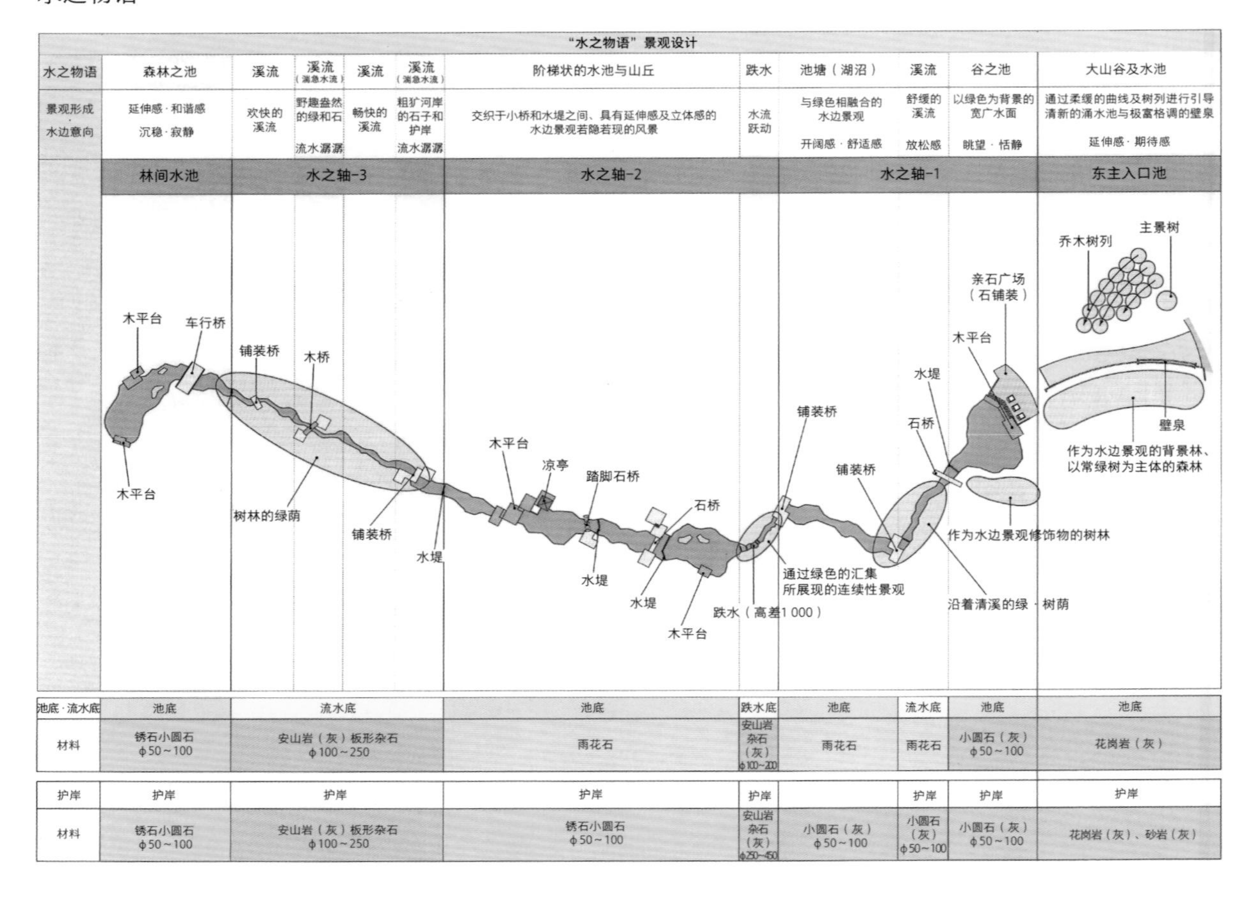

“水之物语”景观设计											
水之物语	森林之池	溪流	溪流（湍急水流）	溪流	溪流（湍急水流）	阶梯状的水池与山丘	跌水	池塘（湖沼）	溪流	谷之池	大山谷及水池
景观形成·水边意向	延伸感·和谐感 沉稳·寂静	欢快的溪流	野趣盎然的绿和石 流水潺潺	畅快的溪流	粗犷河岸的石子和护岸 流水潺潺	交织于小桥和水堤之间、具有延伸感及立体感的水边景观若隐若现的风景	水流跃动	与绿色相融合的水边景观 开阔感·舒适感	舒缓的溪流 放松感	以绿色为背景的宽广水面 眺望·恬静	通过柔缓的曲线及树列进行引导清新的涌水池与极富格调的壁泉 延伸感·期待感
	林间水池	水之轴-3				水之轴-2		水之轴-1			东主入口池

池底·流水底	池底	流水底	池底	跌水底	池底	流水底	池底	池底
材料	锈石小圆石 ϕ50～100	安山岩（灰）板形杂石 ϕ100～250	雨花石	安山岩杂石（灰） ϕ100～200	雨花石	雨花石	小圆石（灰） ϕ50～100	花岗岩（灰）

护岸	护岸	护岸	护岸	护岸		护岸	护岸	护岸
材料	锈石小圆石 ϕ50～100	安山岩（灰）板形杂石 ϕ100～250	锈石小圆石 ϕ50～100	安山岩杂石（灰） ϕ250～450	小圆石（灰） ϕ50～100	小圆石（灰） ϕ50～100	小圆石（灰） ϕ50～100	花岗岩（灰）、砂岩（灰）

以“水之物语”为设计理念的溪流空间与沿溪的园路共同打造出丰富的景观，为居住者提供了多样的体验。溪流中游附近的茂密树木，为园区增添了自然的氛围。在不久的将来，这里必将孕育出由水中生物、林中生物及以此为食的鸟类构成的多样生态环境。另外，亲水平台、小桥等景观设施也为居住者创造了亲近自然的机会。

“水之物语”的多种场景

为欣赏繁茂的植物与溪流而设置的小桥

多类水景的手绘图

景观要素

“森林”的景序

宅间蜿蜒舒缓的园路

在树木的映衬下，建筑显得更为柔和

错落有致的树木引导居住者层层深入

环游路线沿途的绿色植物按照一定的景序排列。建筑间体量较小的空间设置了活动草坪、儿童嬉戏广场、休憩空间等，四周种植的树木将这些空间温柔地包围起来。居住者在富有变化的空间中进行各类活动，从而形成多种生活场景。

与高层建筑相匹配的绿量

高层建筑周边选择开阔的园路，放弃了微小曲线的设计

园路两侧设置微地形，打造丰富的景观

景观要素

“森林”的景序

在园路中央种植树木，略微遮挡前方视线，以此加大景深

园路的线形舒缓、自然。种植树木的位置尽可能远离建筑。在园路中央略开阔的地带设置了树池来营造景观的变化。

西南入口前的园路种植丛生树木，彰显空间的柔美

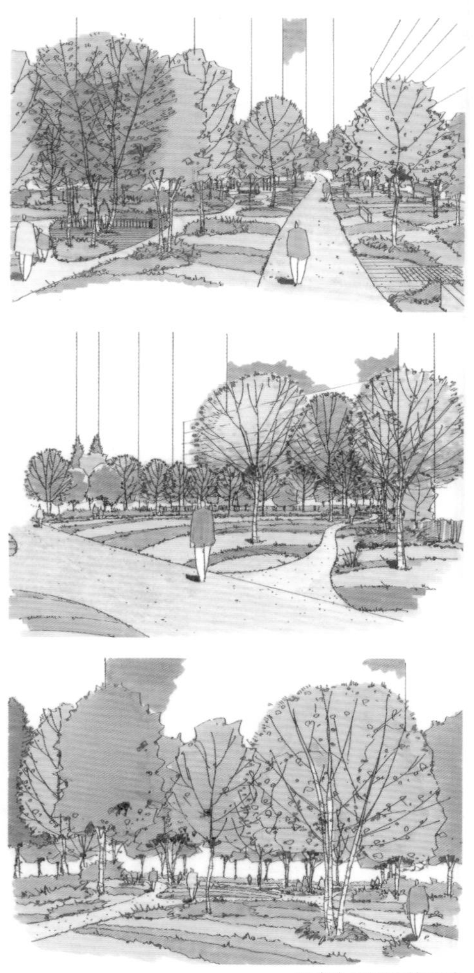
西南入口园路的手绘

平台空间的意向手绘

人们在平台上享受休憩的乐趣

拾级而上，“登堂入室”

平台上其乐融融的一家人

作为观景亮点的凉亭

园区中有多处小尺度的平台空间，为居住者提供休憩的场所，并借助台阶形成连续但独立的空间。水畔的休憩设施横跨水面，令溪流显得更加深邃。

景观要素

宅间设计

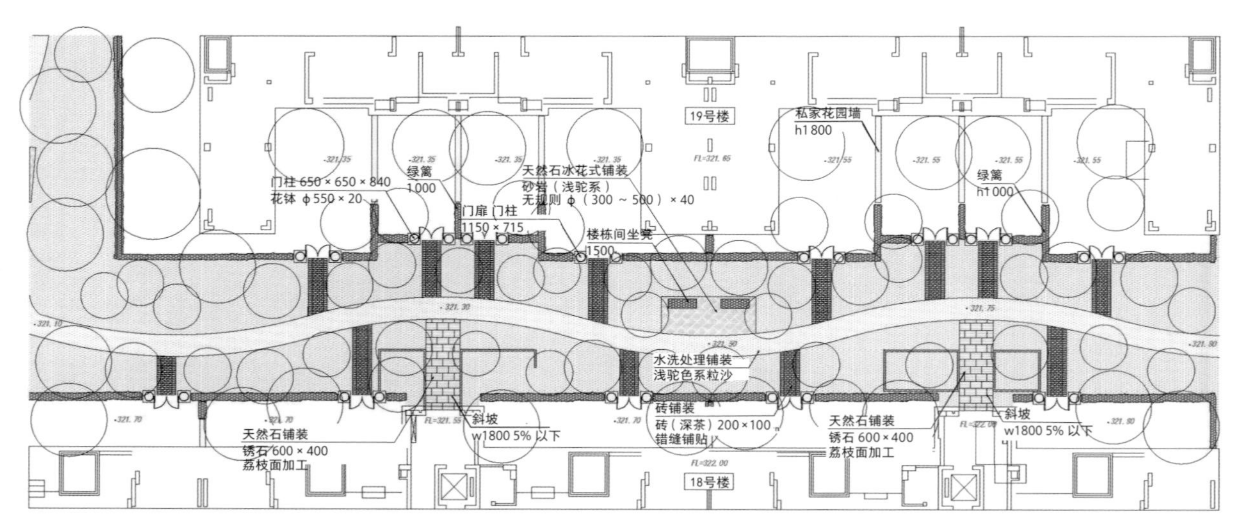

平面图（宅间设计）

蜿蜒舒缓的园路与入口笔直的园路形成对比，营造出空间的韵律感

立面图（宅间设计）

人性化尺度的空间

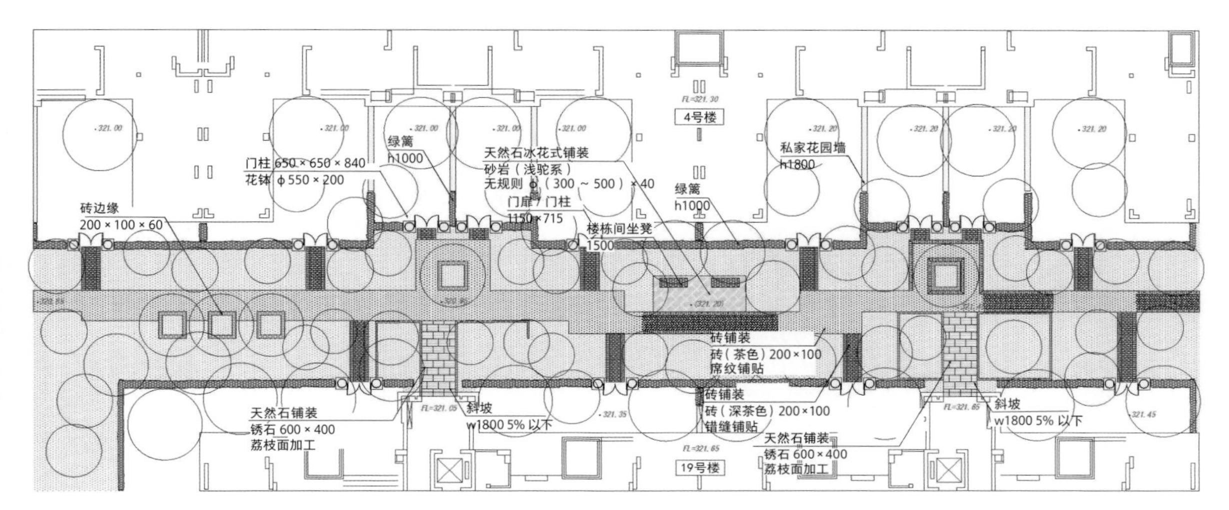

将笔直的园路交错设置来增加变化

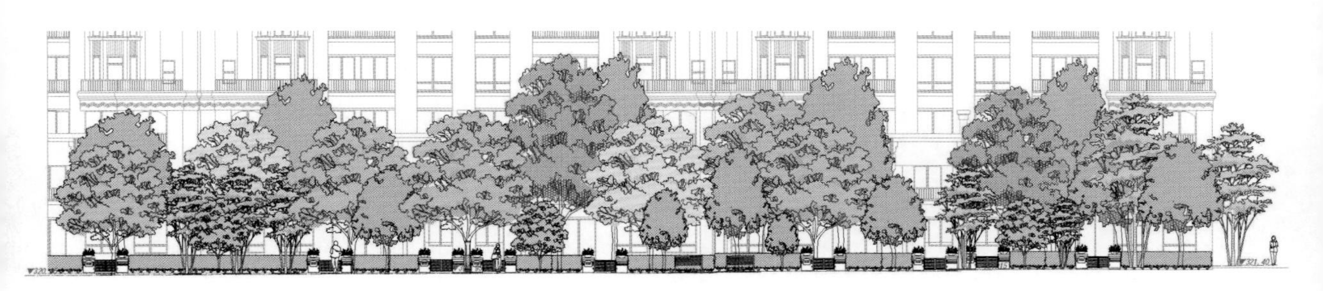

立面图（宅间设计）

宅间园路与入口空间的手绘

入口空间应具有一定体量，并配以精致的细节设计。住宅楼间的空间虽略显狭窄，但利用树木缓和了高层建筑带来的压迫感，打造出优美的景观。在设计上，园路仅有少量变化，以便凸显入户通道的位置。园路沿路布置了小型户外家具，形成更具人性化尺度的空间。

设施细节

水景的细节

东入口的壁泉

立面图（水池与壁泉）

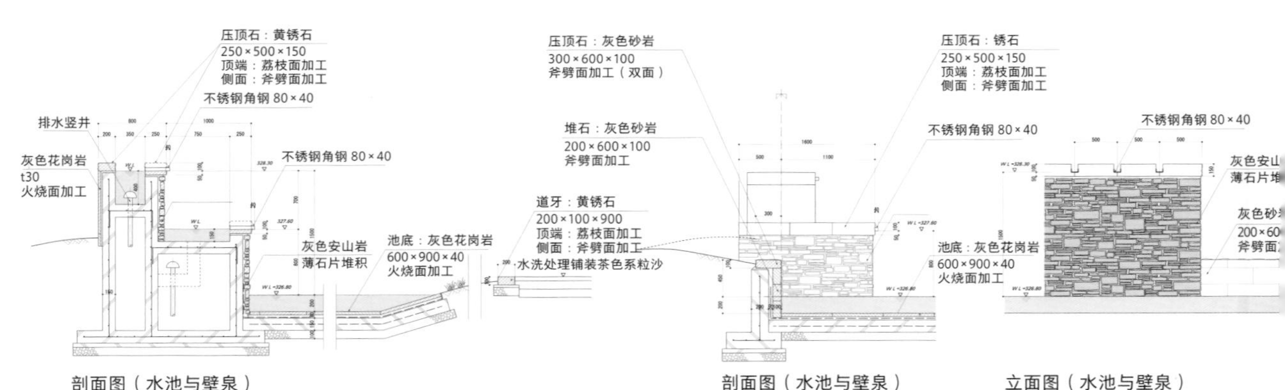

剖面图（水池与壁泉）

剖面图（水池与壁泉）

立面图（水池与壁泉）

跌水上方宁静的广场

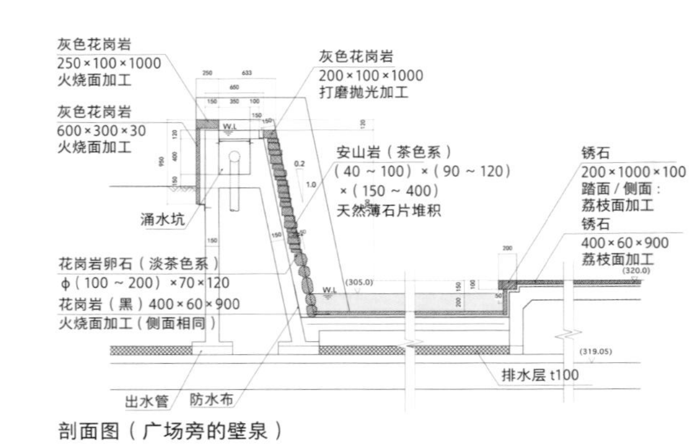

剖面图（广场旁的壁泉）

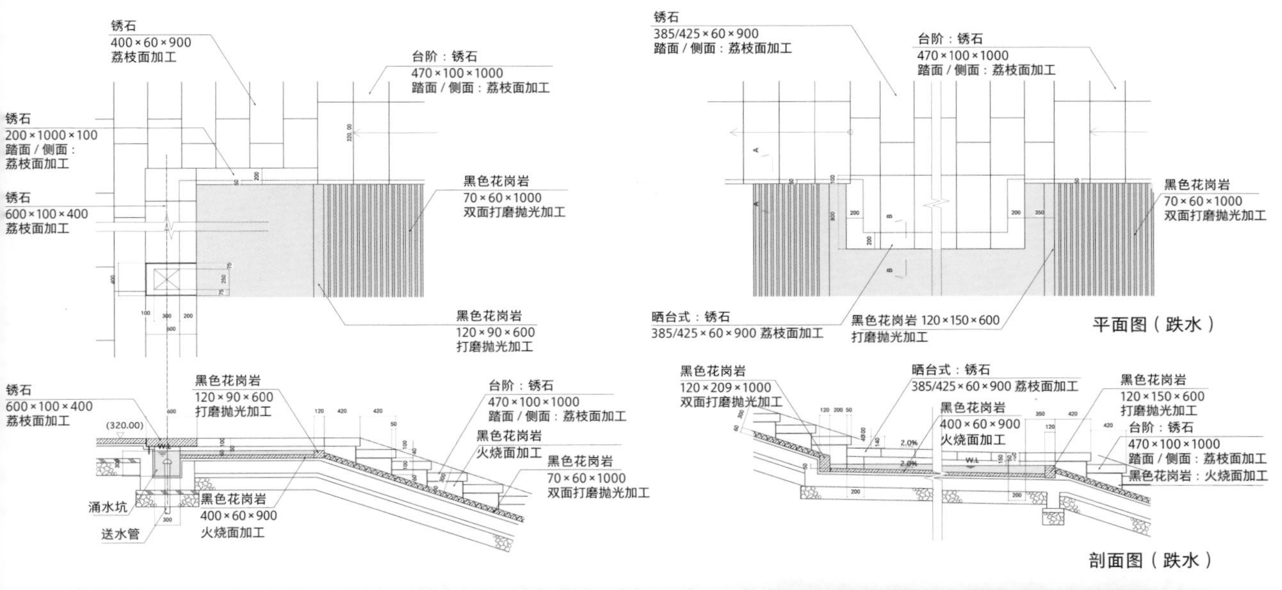

平面图（跌水）

剖面图（跌水）

选择合适的材料来展现跌水恢宏的气势

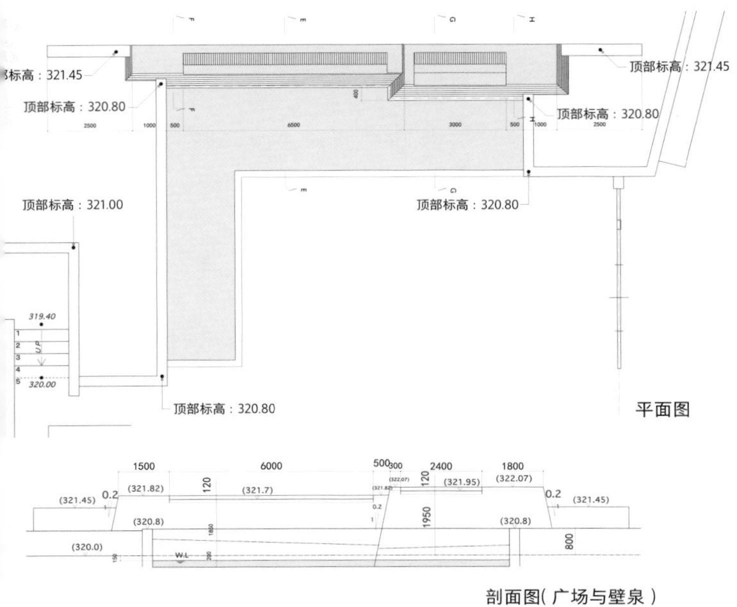

平面图

剖面图(广场与壁泉)

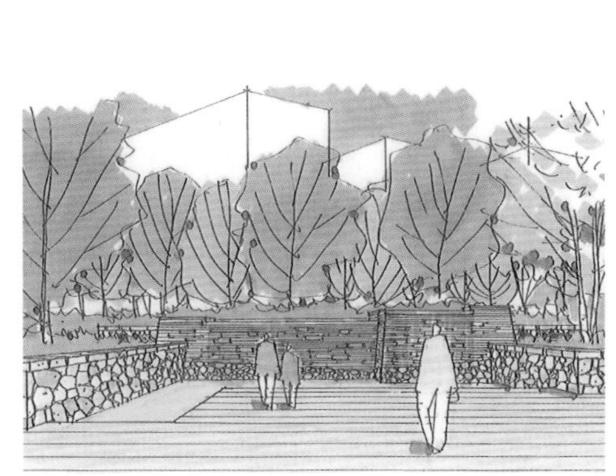

广场旁壁泉的手绘

设施细节

户外家具设计

从入口广场观看门卫室

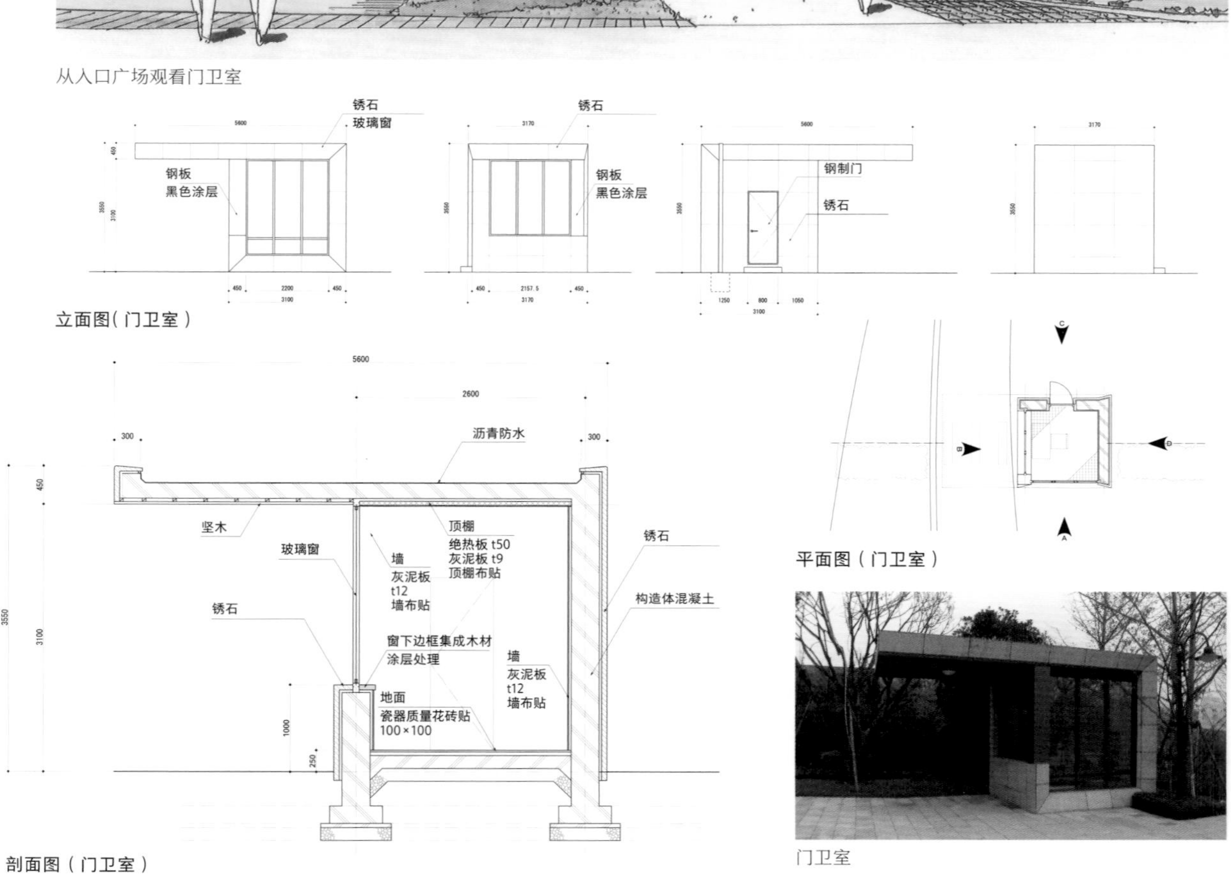

立面图（门卫室）

剖面图（门卫室）

平面图（门卫室）

门卫室

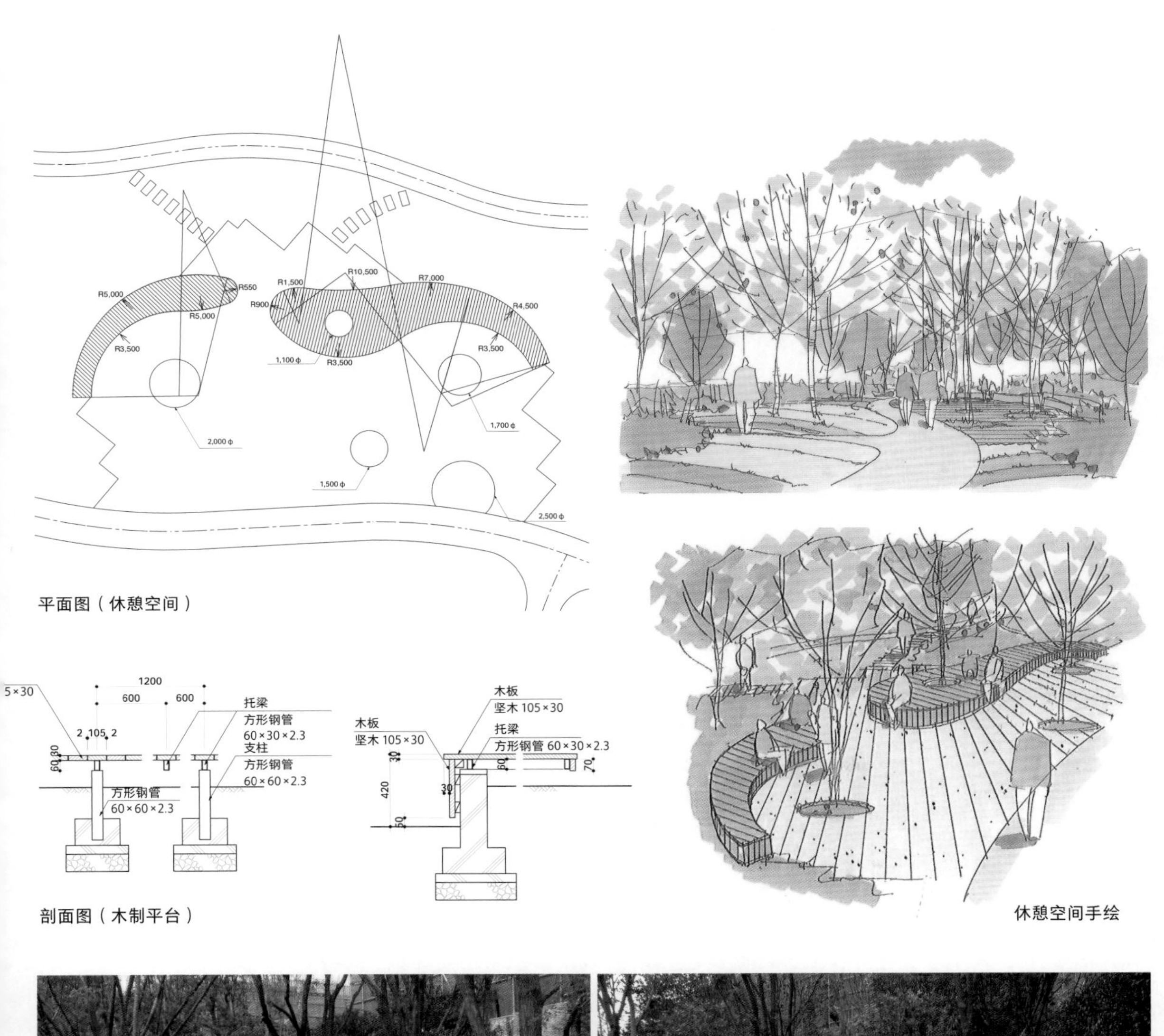

平面图（休憩空间）

剖面图（木制平台）

休憩空间手绘

兼具小品功能的长凳

03 杭州广宇鼎悦府

自然与城市的交织——
由景观轴线构建的多元化空间

规　模：35 700 平方米

设计思路

该项目属于商业围合住宅的复合型项目。针对高楼林立的现代街区环境，我们力求让安静而富有自然意趣的住宅区与现代而具有韵律感的商业区互相映衬，并以此提升街区整体的附加价值。住宅区以南北轴线为中心展现了柔和的日式景观，商业区设东西轴线以简约的日式建筑风格展开。整体设计精致细腻，是一套具有内涵及品质的景观设计方案。

项目在对称的建筑之间引入水、风、光、影等元素，打造出景深感强、层次丰富、意趣盎然的景致。中央景观轴以园路及流水贯穿南北，各种景观在切换之间妙趣横生。以南北轴线为中心的三条回游路线可以供居民自由选择。回游园路设计巧妙，铺装多变，凉亭、水景点缀其中，沿途植物均为颇具观赏价值的品种。

商业区以“市松图案”（双色方格纹样）与条纹样式为铺装基调，并在具有山水意蕴的空间内设置“植物小岛”，营造出柔和、自然的景观，以丰富人们的活动空间，增加人们自由选择空间的机会。此外，会所庭院中以“生命的种子”为主题的特色景观小品，寄托了人们对自然丰茂、孩子健康成长的祈盼。

这个项目的重点在于规划出两条对比鲜明的景观轴线，营造出多样的景观空间。其本质在于让人们在步移景异的过程中获得愉悦的体验。“水之物语”的元素被分成数个景点散布在园区中，给人们带来独特的体验。让居住者发现一处独属于自己的景观空间，并在那里度过一段美好的时光——景观设计师的工作就是创造这种契机。

框架体系

轴线的构成及空间的差异化

将用地一分为二的市政道路是东西走向的直线形轴线。该轴线既要展示住宅的仪式感，又要展现商业空间的繁华氛围。此外，针对高层建筑的硬质空间，有必要设计出较为柔和的南北景观轴予以调和。为了制造景深，部分南北轴线为直线形设计，但整体轴线则借助弯曲的园路及溪流展现出舒缓的风景。我们期待住宅园区未来会在两条轴线的相互衬托下演绎出自然与城市的共存、共生。

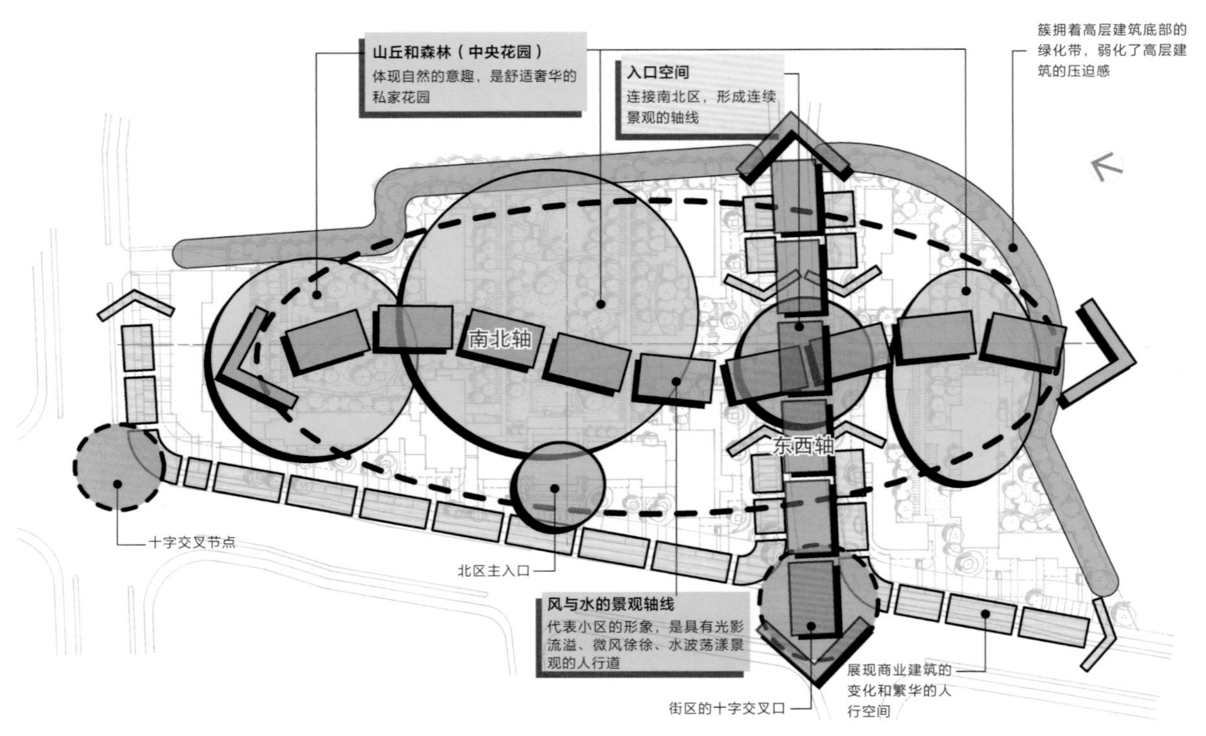

空间的构成

南北轴线景观

东西轴线景观

设计亮点

“水之物语”

景观设计的原则之一是临近建筑的空间应延续建筑的风格，再向自然空间慢慢过渡。建筑的正前方设置方形静水面，泉水淙淙涌出，顺着舒缓的曲线形水路汇流成溪，再经过瀑布等元素的丰富演绎后，最终流入水池。上述的溪流被取名为“水之物语”，但“水之物语”仅用水元素来表现远远不够。小丘、广场、植物等景观元素与溪流交相呼应，这一切融合在一起才成为“水之物语”。设计师精心打造的“物语”若能与居民感受到的“物语”合二为一，将是设计师无上的荣幸。

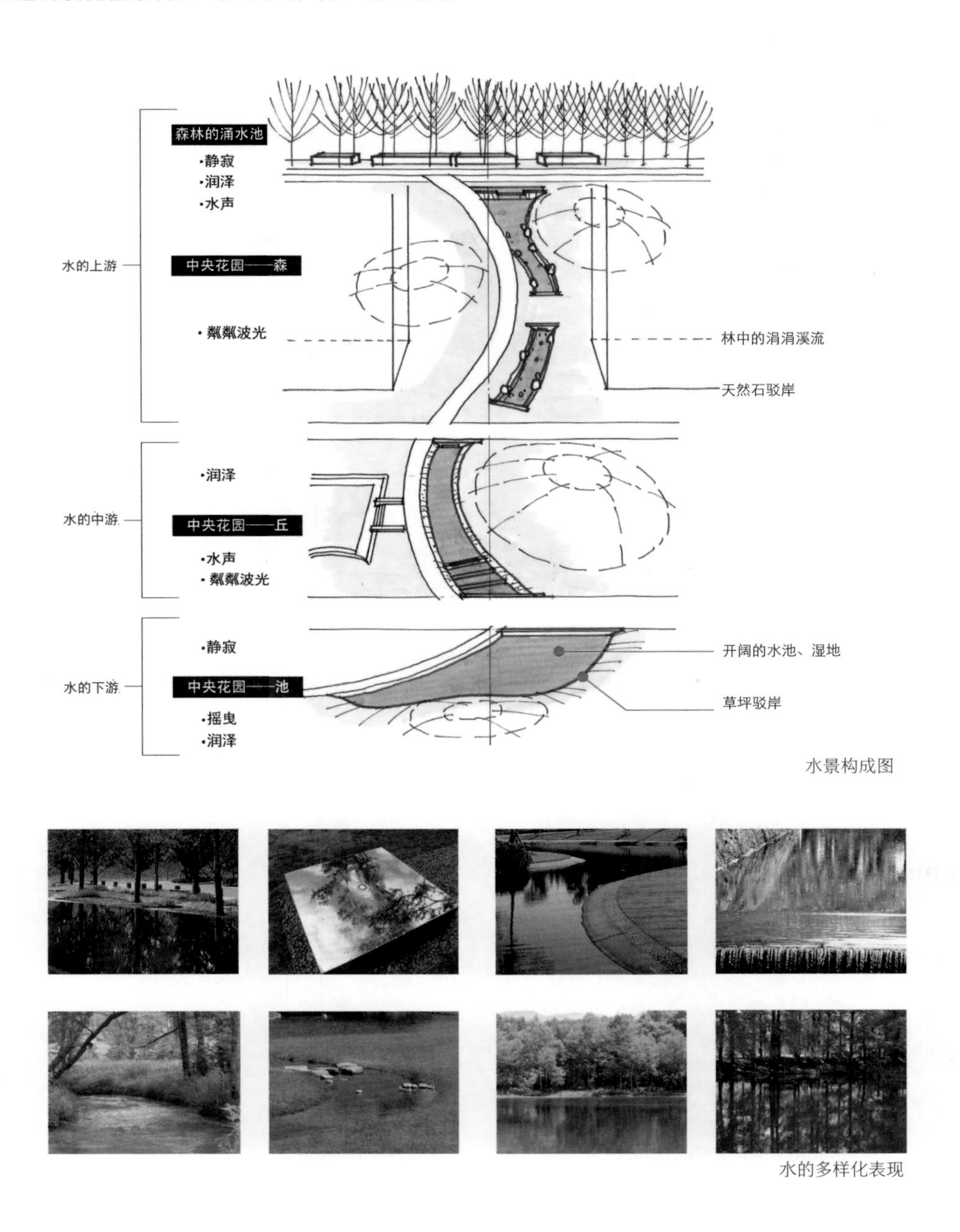

水景构成图

水的多样化表现

整体规划

临街区设置了多个连续的、气氛热闹的广场来打造商业空间，使其既成为住宅区与街区的纽带，又成为住宅区的“门户”。建筑所围合的内部空间规整、开放，园路婉转迂回，溪流、水池、小丘等多种自然元素为其增光添色。由于地势太平坦，因此项目借助微地形，营造出山丘与谷地的起伏变化，利用四季的美景装扮了居民多彩的生活。

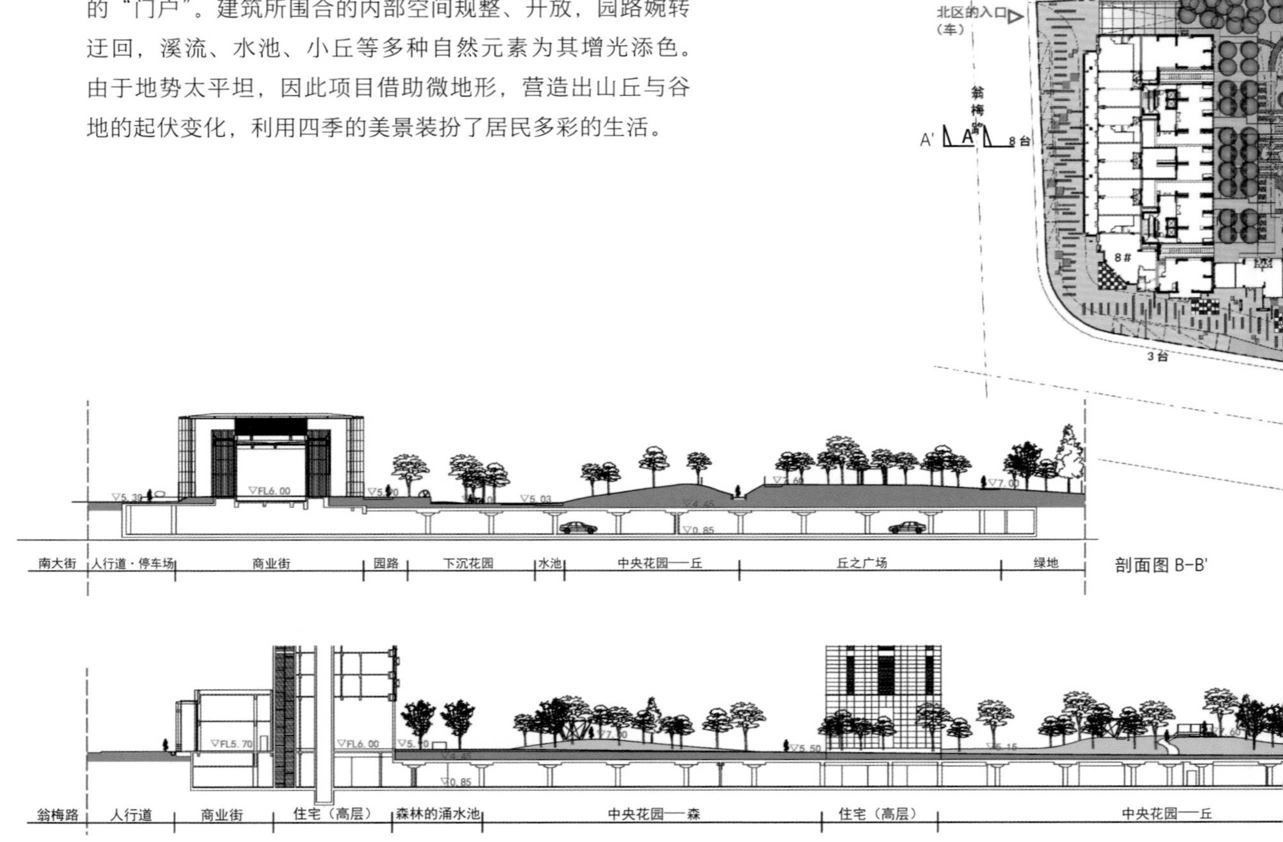

利用曲线将视线由规则的小广场引入场地内部

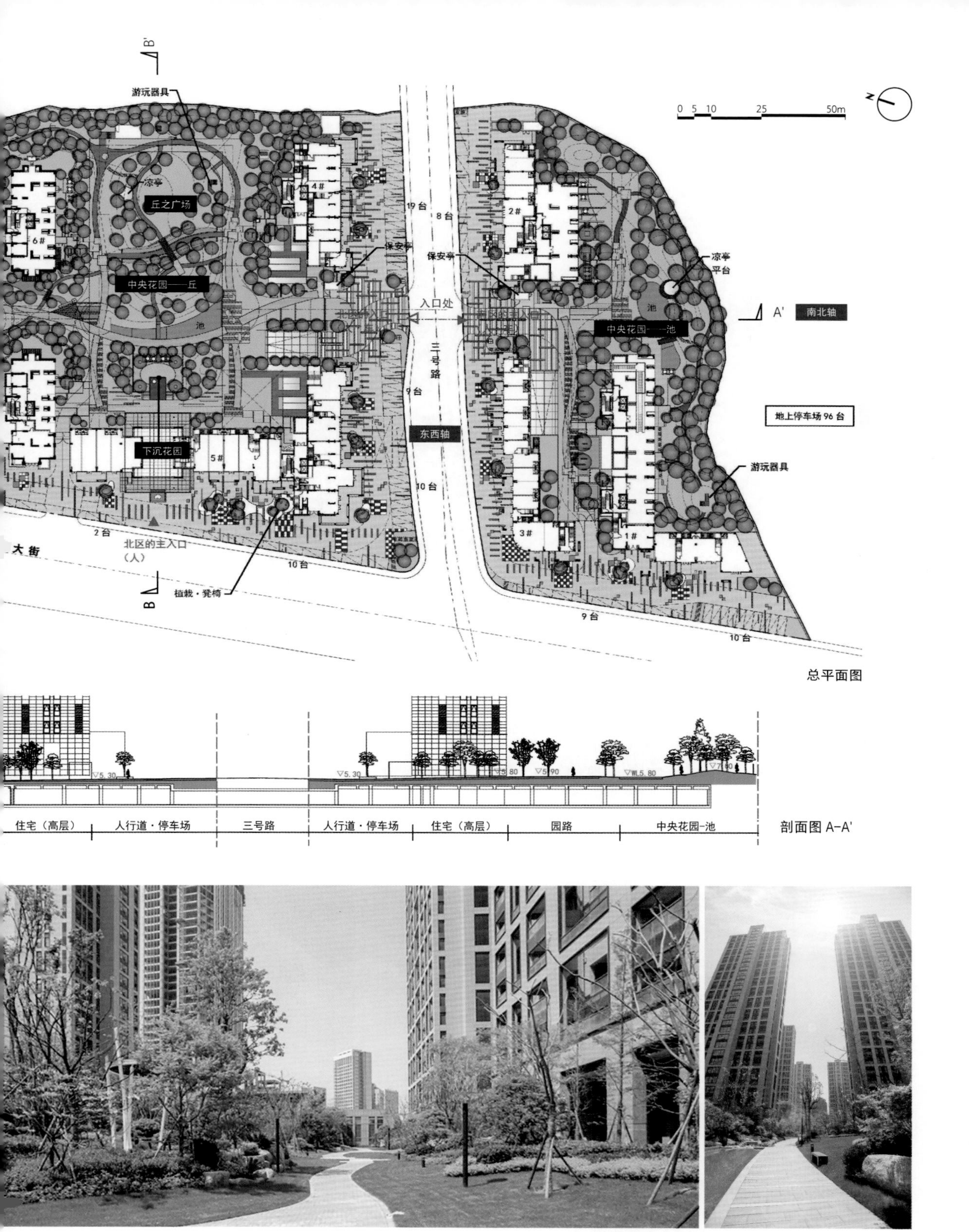

总平面图

剖面图 A-A'

以曲线为主的南北轴线，未来将展现生机勃勃的绿意

重点区域

入口设计

入口正前方是规整的建筑，景观设计元素也以方形为主，内部繁茂的树木从园区入口处不经意地露出来。在协调景观与建筑的同时，不能抹杀各元素的特色，设计师需自如地将树木群配置在建筑周边，营造出景深感。

东西轴线上的北区出入口，建筑群间洋溢着丰盈的绿意

北区景观

景观要素

东西轴线与南北轴线的交会处

景观设计旨在吸引居民一点点地步入园区深处，因此入口处的元素多为直线，越往内部深入，曲线设计越多。细心的读者应当能从鸟瞰图中感受到这种平衡的变化。

东西和南北轴线鸟瞰图

东西轴线街景的意向手绘

展现南北轴线入口平衡性的意向手绘

南北轴线入口处仪式感较强的设计

景观要素

衔接南北地块的街道景观

临街的会所入口

体现会所入口空间尺度的手绘

建筑外立面虽具备一定的韵律感和平衡感，但总让人感觉存在不足。此时，若置入一块景石，规整、单调的空间瞬间会发生变化，动感与活力勃然而起。这算是应急的手法，除此之外，还有用树木寻求平衡的方法。由于现场建筑的体量庞大，必须种植丛生树木或多棵混栽，否则景观难以与大规模的建筑相匹配。

与规整的建筑形成对比的自然石造景。自然石的设置也需“出人意料”

几何形式的建筑立面与形态自由的植物相互映衬

水之物语

i .上游的森之涌池

水的源头被设计成简约的长方形静水面，以呼应建筑的外形。为了强调静水面的设计，设计师将高大的树木种在几何平面的布点上，让树冠倒映在水面形成剪影，再以汀步等景观元素凸显设计轴线。

水之物语元素分布图 1

静水面倒映树影的意向手绘

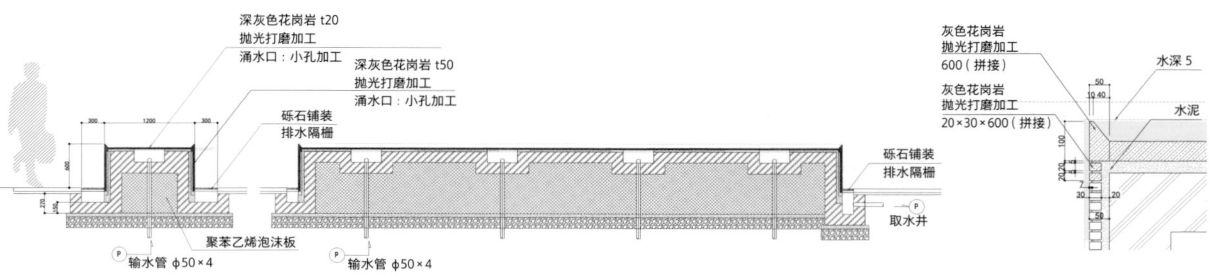

森之涌池的细节设计

ⅱ . 上游涌水口周边

ⅲ . 上游的溪流处

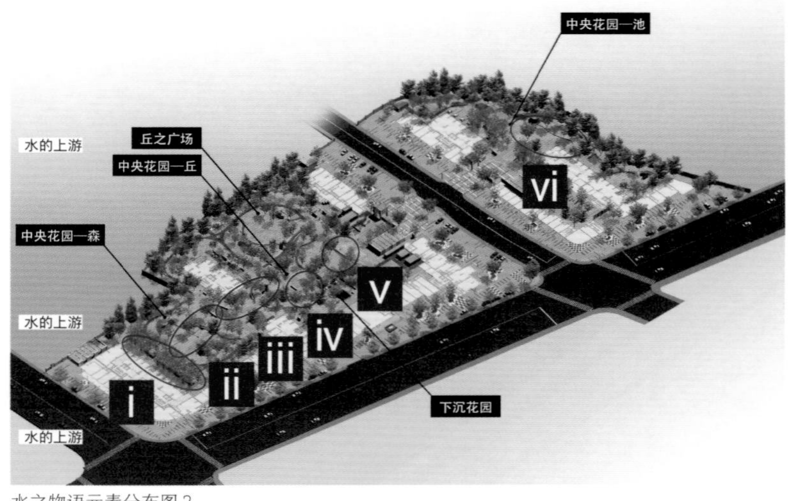

水之物语元素分布图 2

溪流随着水深、坡度、底部材质的不同能够演绎出不同的“表情”。瀑布的设置，能营造出水声环绕的声景效果。鸟与昆虫的来临，提高了区域的生态环境质量。

ⅳ. 溪流中游

ⅴ. 中游处的水池

ⅵ. 下游湿地风格的水池（南区）

设施细节

凉亭

表现飒飒风声的丘之凉亭

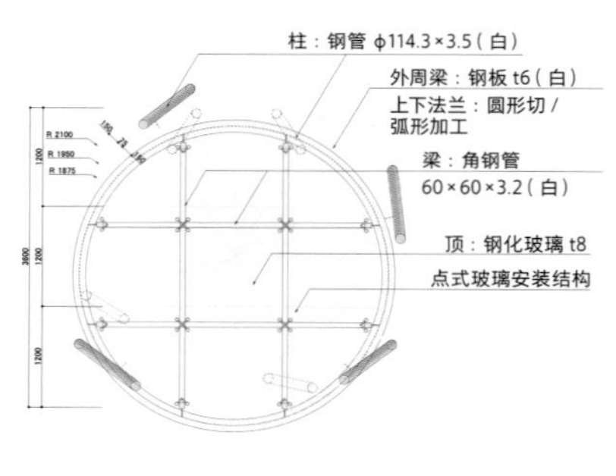

顶视图

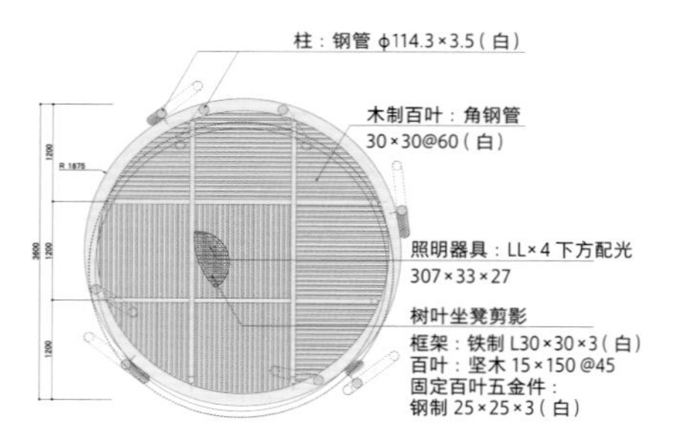

仰视图

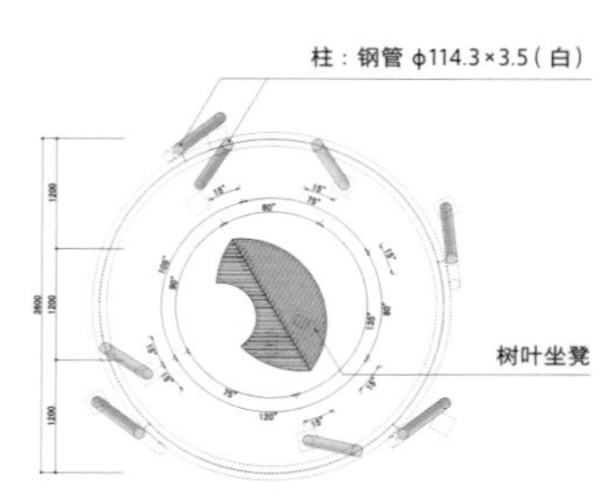

平面图（丘之凉亭）

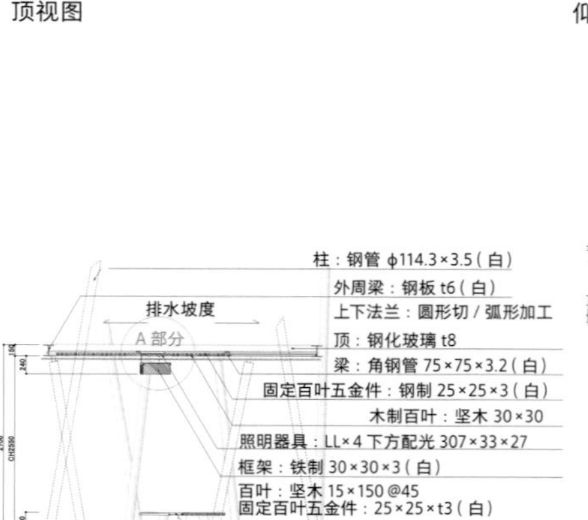

剖面图（丘之凉亭）

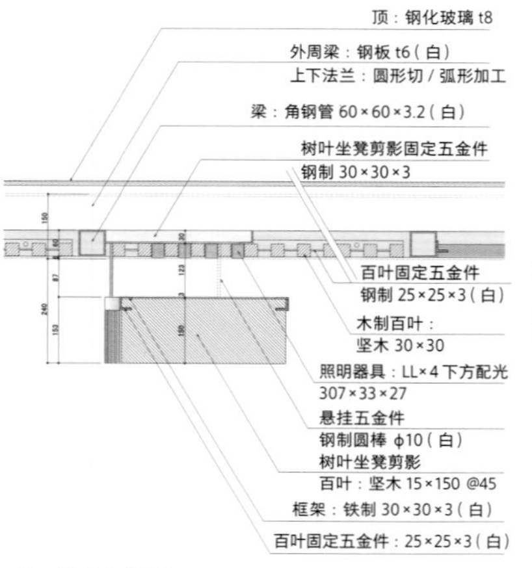

"A 部分"详图

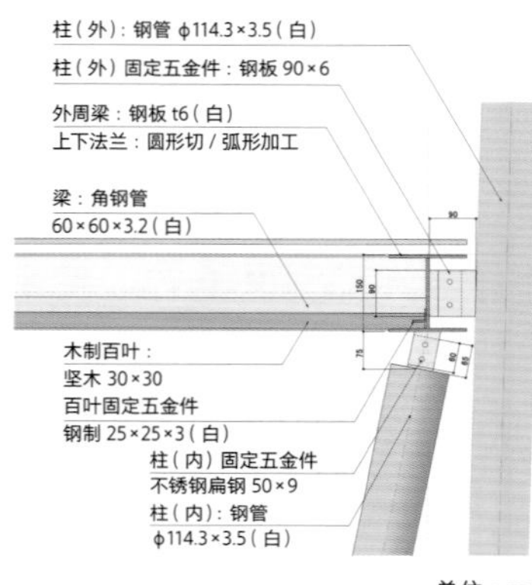

柱、外周梁详图（丘之凉亭）

单位：mm

景观设计中的景观小品多为画龙点睛的存在。园路、广场的节点处，瀑布、水池的观景点，小丘的顶部多为布置景观小品的极佳场所，比如，如果布置一个凉亭，人们不但能坐于亭中观赏风景，不同的凉亭设计也能带来视觉上的享受。

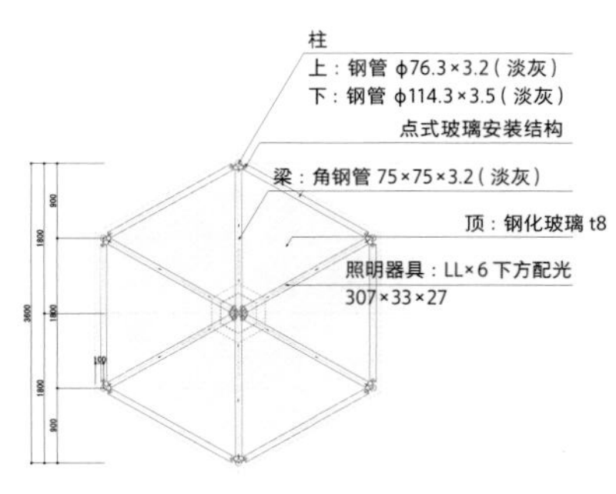

顶视图

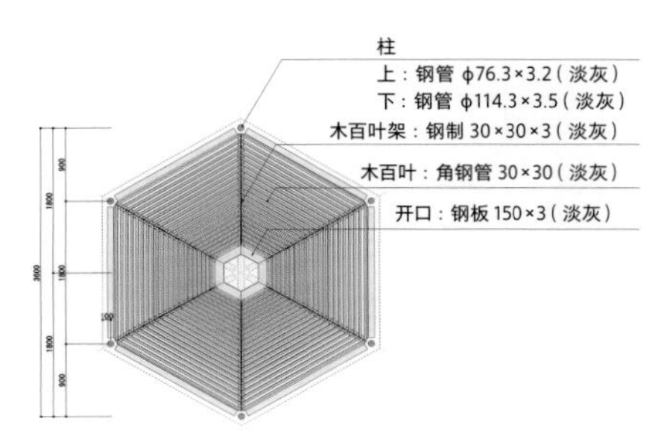

仰视图

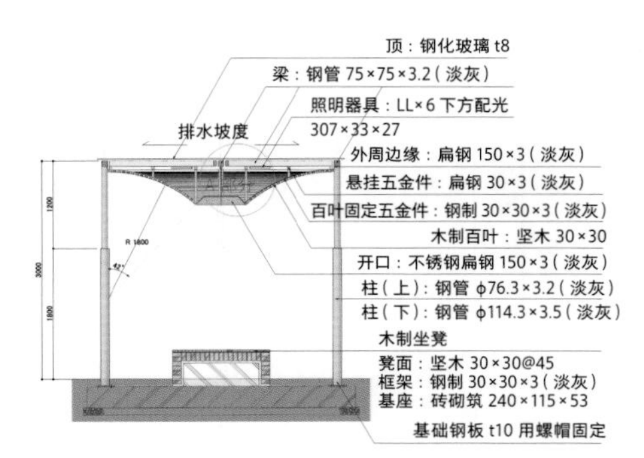

剖面图（森之凉亭）

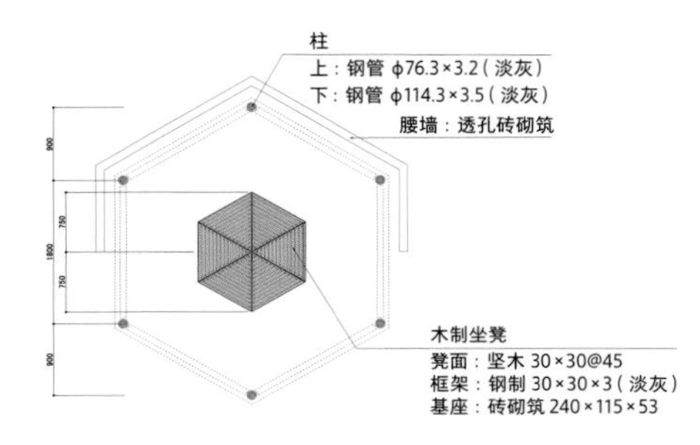

平面图（森之凉亭）

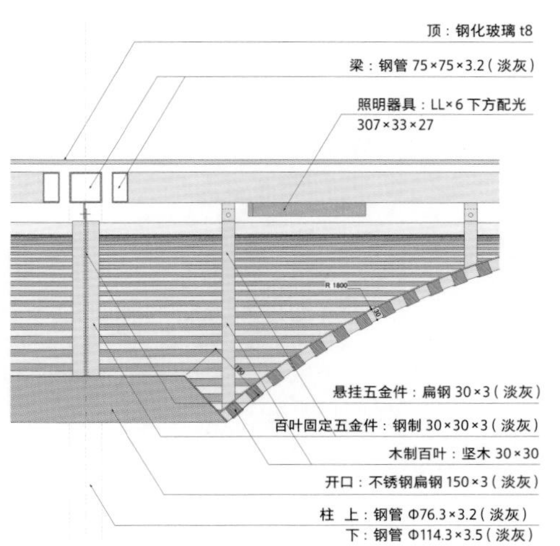

柱、外周梁详图（森之凉亭）

演绎林中寂静的森之凉亭

设施细节

光之柱、石列柱

标示主入口的光之柱

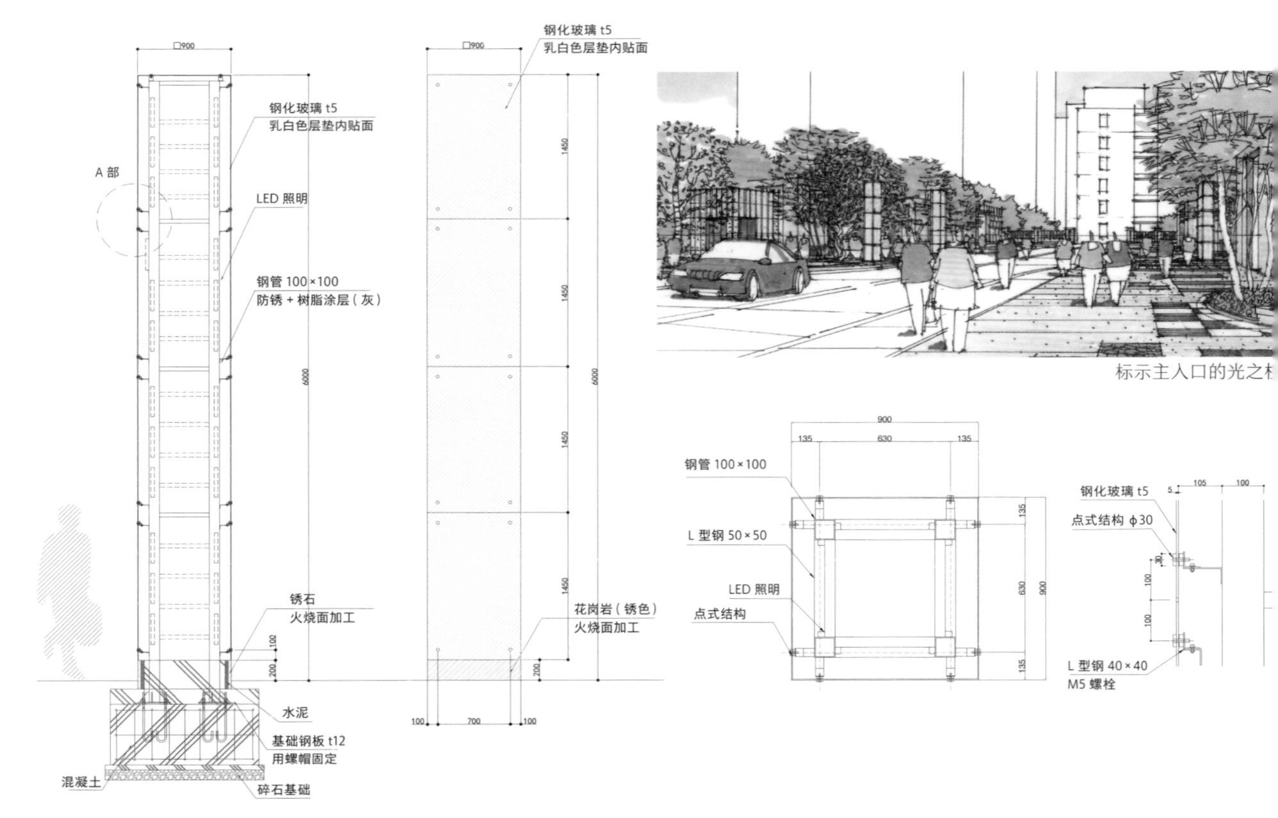

标示主入口的光之柱

剖面图（光之柱）　　立面图（光之柱）　　细节图（光之柱）　　“A 部”详图

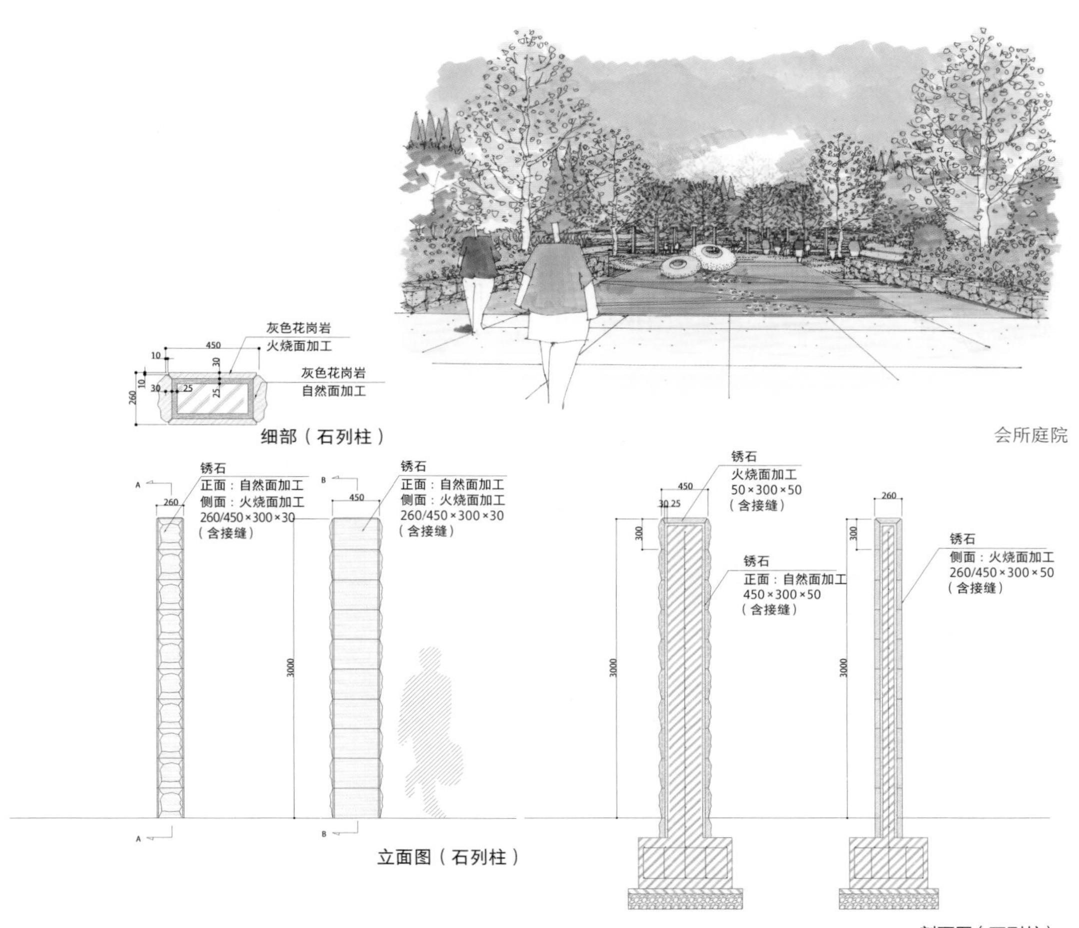

会所庭院

细部（石列柱）

立面图（石列柱）

剖面图（石列柱）

会所庭院的石列柱

04 北京龙湖唐宁 one

城市中的迷你森林——
与自然和谐共生的景观

规　模：49 100 平方米

设计思路

北京龙湖唐宁 one 与中关村相接，是城市型集合住宅。用地位于新旧街区交界处，周围环境略显嘈杂。在这样的环境中，园区应当独立且具有存在感，因此设计师需借用大自然的力量营造出与周边环境迥然不同的景观。项目以“城市中的迷你森林”为主题，在生活空间内融入“森林与山谷”“山地与丘陵”“河川与湖泊”“山野与村落”等自然景观，这些景观的规模虽小，却能实现城市居民与大自然“零距离”接触的心愿。居住于此的人可独享这精心打造的空间，在感受风与时间流动的同时，体验舒适的日常生活。

我们心中的“迷你森林”是通过精心设计，营造出融入多种自然景观的城市空间：清泉涌出，潺潺的流水画出柔美的弧线，最终跌入水池，书写出完美的“一笔”；水畔亭外树木环绕，繁花似锦，沁人心脾的芬芳疗愈每个人的痛苦与忧伤；园内小路蜿蜒而进，与太鼓桥等景观一起产生步移景异的效果，给人们带来意外的惊喜；儿童乐园内时不时地传来孩子们欢快的笑声，陪伴在一旁的家长们的眼中尽显关爱与幸福。让居住者能怡然自得地生活是我们作为设计师的终极目标。

住宅区位于高楼林立的市中心，与“迷你森林”的主题相得益彰。人们经过了繁忙的一天，回到“远离”城市喧嚣的家园，郁郁葱葱的植物和蜿蜒曲折的流水“携手相迎”。景观设计中的视觉效果与视域控制十分重要。一旦人们走到极具吸引力的景观前，往往就会忽略远处的景色。因此，为了尽可能削弱建筑的存在感，园区中种植了大量的植物，同时还有丰富的水景，以吸引人们的视线。此外，园路靠近建筑物而置，沿路通过相应的设计手法打造了丰富的视线停留点。

整体规划

规划用地分为两个区域，分别是被西北侧的建筑围合起来的广场和东侧的“迷你森林”。“迷你森林”的南部处在住宅楼之间，空间相对宽敞，因此设有两条回游路线。这样的设计能让居住者享受到两种不同的景序变换带来的双重乐趣，且体验到曲水的婀娜，感受空间的魅力。

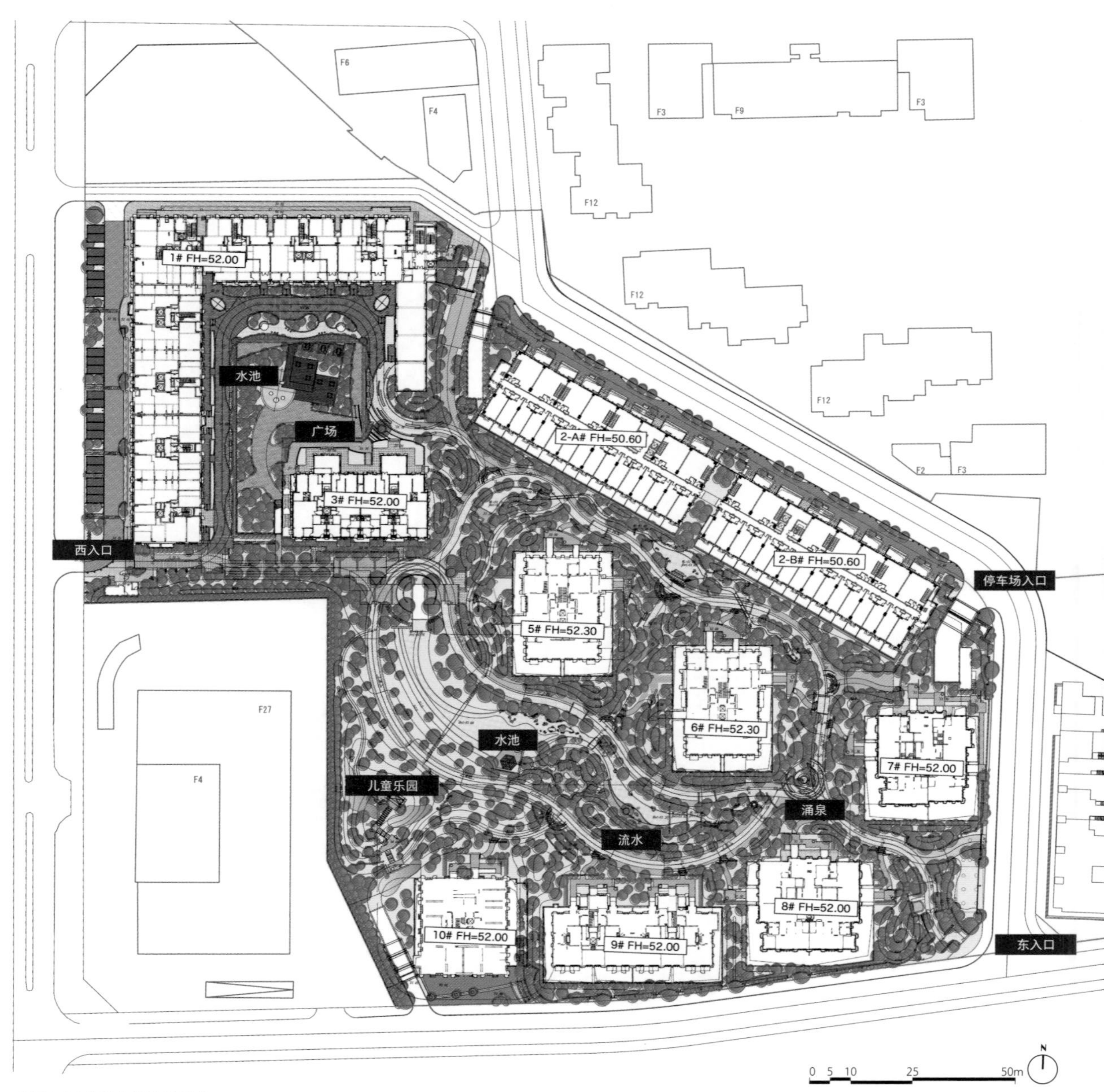

总平面图（扩大初步设计）

利用大冠幅的乔木缓解高层建筑的压迫感，演绎“迷你森林”

景观要素

入口周边

西入口内的小广场，与园区深处的“迷你森林”形成鲜明的对比

静谧的西入口可通往“迷你森林”，其设计简约、现代，且空间尺度十分人性化。入口大门背后是葱茏的绿植，高大的乔木从景墙之上探出头来，暗示着“迷你森林”的所在。

西入口的意向手绘

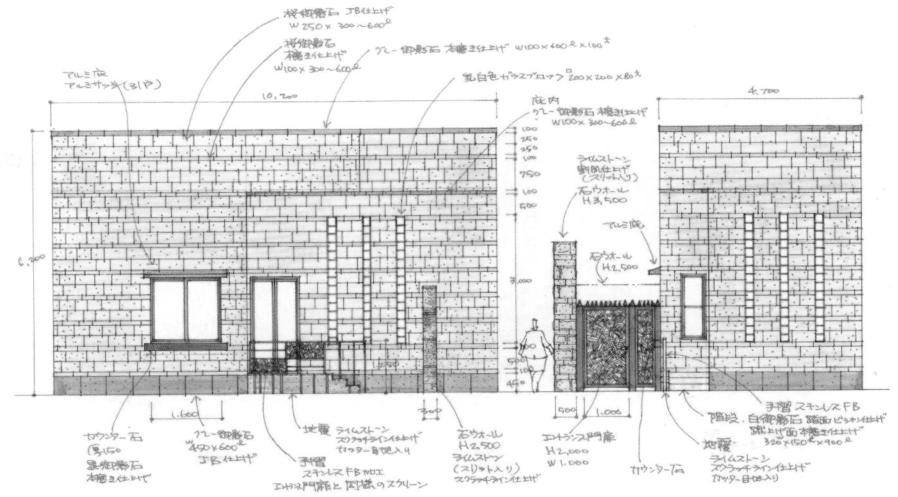

立面图（西入口）

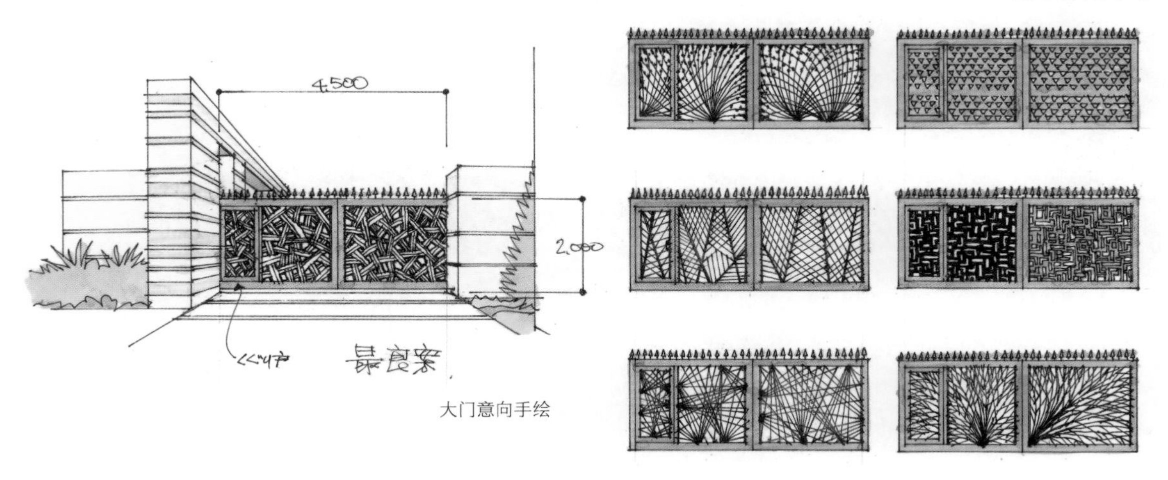

大门意向手绘

西入口大门的设计选用了较为人性化的尺度

流水与水池

天然丛林中设置笔直的景墙

沿园路设置的流水与水池

推进设计时，“对比”的手法非常实用。本项目中的自然景观呈现多样的形态，笔直的石墙对自然景物进行切割，强调了自然与人工的对比。另外，设计师让景墙左右对开，以便涌泉的水从中间穿过，流向园区深处，使人们流连于此的同时，更想到园区深处一探究竟。

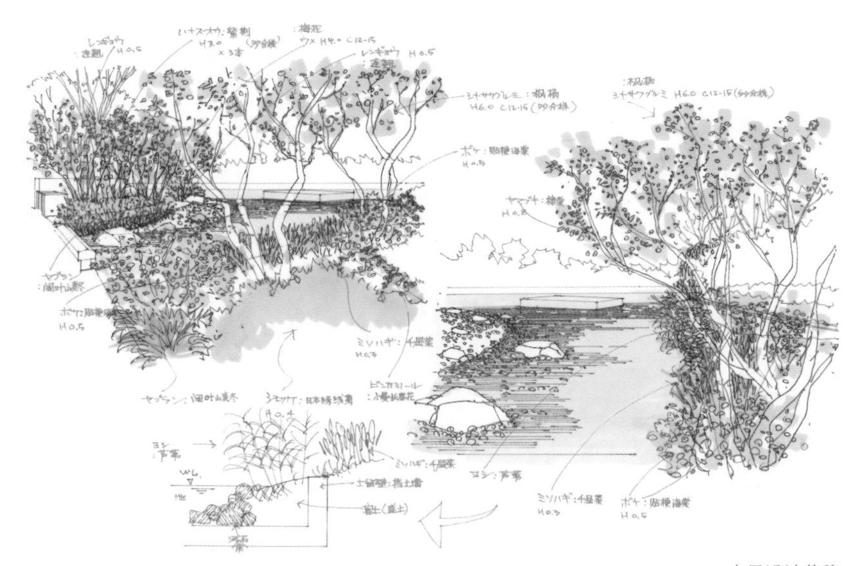

水景设计草稿

水景设计常以规划用地的对角线作为轴线来延伸溪流的长度，水池的设计一般也以开阔为佳，但最终方案还是要视设计理念与规划用地的条件来决定。此外，水池应设置在光线通透的区域，而溪流则须富有明暗变化。

瀑口附近深邃的森林

设置亲水台阶，建立与水的联系

景观要素

流水与水池

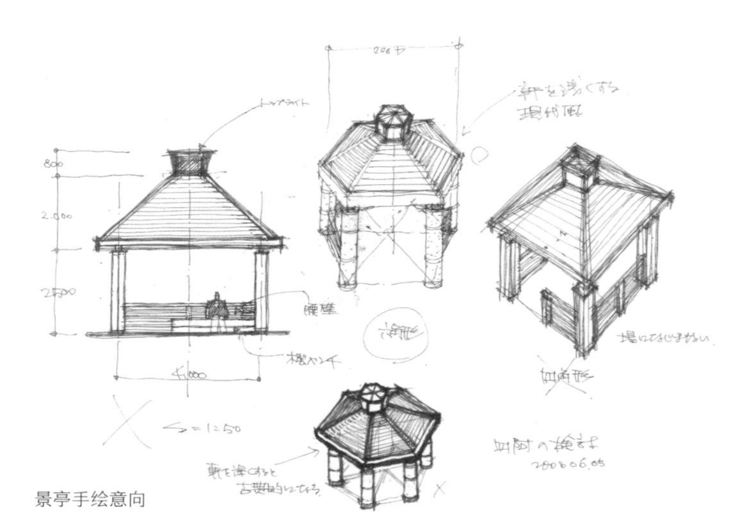

景亭手绘意向

优秀的流水与水池设计往往能令人流连忘返，因此需要细细推敲。水的“表情”会因河床、驳岸的形态而发生变化，所以设计方案必须要做到因地制宜。毛石驳岸的建造应充分考虑到水的力学原理，模仿大自然中的山谷来打造。

在流水中设置浮岛，丰富水景“表情”的同时增加空间的景深感

斑驳的光影与水面，成为休憩空间必有的两大要素

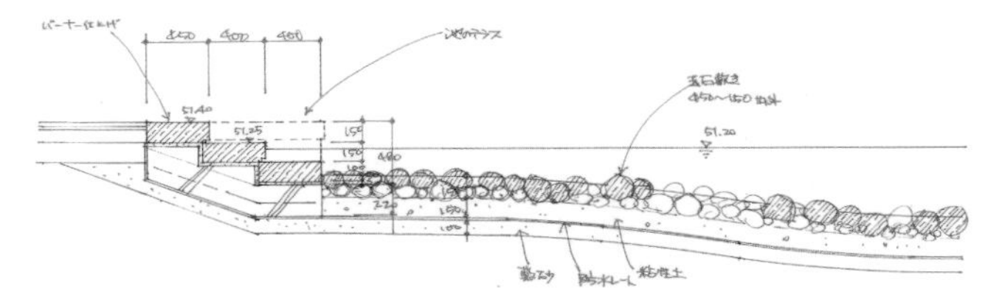

剖面图（水池平台）

面向广场的溪流驳岸也是挑出的亲水平台空间。凉亭并非单独设置，而是结合设置在四周设置的景墙，营造静谧的氛围。

景亭应尽可能临水设置，以增强亲水性

园路的景观序列

在舒缓的园路上享受潺潺的水声

绿植环绕的儿童乐园

园路和水流的关系

宽度适宜的林间小路

“叠景”是景观设计的手法之一。如右图，木桥为近景，景亭为中景，树木为远景，景物的层层叠加让空间富有景深感。此外，近景和中景之间的绿植使景物若隐若现，更引人入胜。

景观设计的重要元素——木桥、景亭与水池形成的叠景

园路的景观序列

在与主园路相连的小路上设置令人惊喜的木桥

从木桥远眺景亭

从园路远眺景亭

从生类的树木不但有绿量，而且枝干纤细，更能与其他构造物搭配。在北京这样冬季较为寒冷的地区，作为本土树种的白桦为园区平添了一份本地文化特有的气质。

05 重庆天地雍江项目

林中立体环游庭园——
立体式景序搭配与中庭的大地广场

规　模：雍江翠璟：37 000 平方米
雍江御庭：57 000 平方米

整体鸟瞰图

雍江翠璟中与山丘融为一体的会所庭院

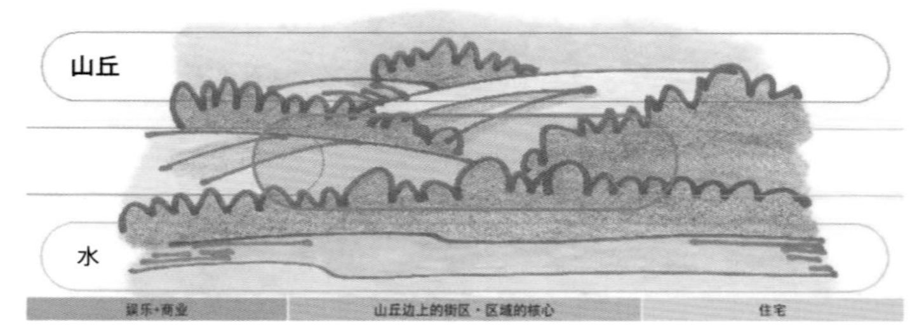

项目地形特征

雍江御庭中的大地广场

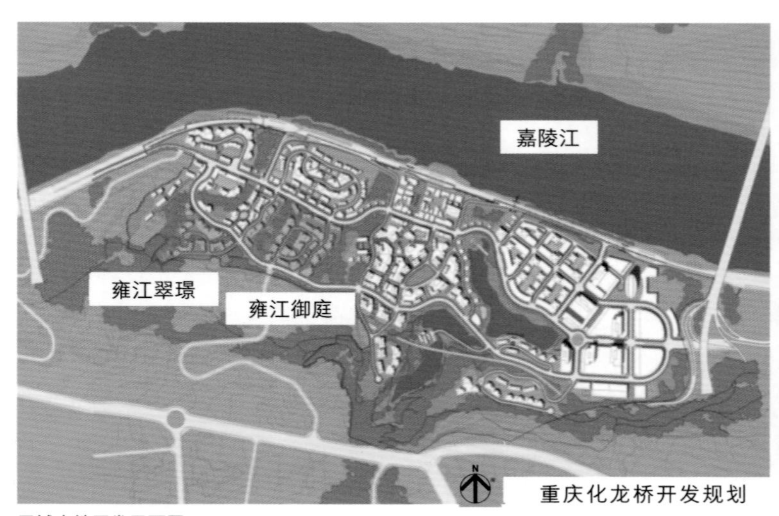

区域土地开发平面图

设计思路

素有“山城”之称的重庆地形高低起伏，山谷与山坡上都高楼林立。重庆日照时间较短，经常云雾缭绕，有着梦幻般的景致。项目用地选在“背山临水”之地——背靠山丘，面向滚滚的嘉陵江。在地形错综复杂的重庆，新型住宅多为垂直的高层建筑。本项目也是高层住宅，高差鲜明，尽显重庆的“山城”韵味。

我们负责该住宅项目中两大地块的景观设计工作。此次的景观设计以丘陵与河流交错、自然与城市共融的“山麓别墅”为主题，旨在实现城市与自然的相互融合，让居住者在生活空间中感受到山的垂直与川的水平，以及自然的宁静与都市的喧嚣。设计师在项目伊始便确立了项目的三种属性：

·环境属性：自然与城市相互融合；

·城市属性：传统样式中的新风格；

·居住属性：感受身边自然的体验。

雍江翠璟位于地块北侧，与周围绿意盎然的山丘融为一体。设计师将用地看成一个大庭园，充分利用高差构建山水景观，让居住者感知意蕴丰厚的广袤大地。气势磅礴的壁泉是入口处的标志性景观，上游的溪流充满自然妙趣，跌水与曲水则充分展现了大自然的幽静、深邃。

雍江御庭位于地块南侧。高层住宅围合出的草坪广场宽阔、宁静，可供居住者自由活动。透过高楼之间的空隙可以看到连绵的远山，使居住环境独具特色。在临街的入口，水池设在院墙之外，形成“水之门”。入门后，景序随着地形的起伏而产生变化。位于高地的“丘之门”采用对称布局，通过从自然到人工的景观过渡，引导居民进入住宅区内部。

两个园区的景观设计均灵活地利用了通常在住宅空间设计中被视为不利条件的高差地形，设置了能够展现景观优势的立体回廊，营造出丰富的景序。项目中若隐若现的园路与台阶，沿途布置的水景及树林，会让人们发出不枉此“居”的感叹。

在景观设计中，地形因素至关重要。如果地形过于平坦，景观会显得乏味无趣，但是高差较大的地形处理又需要很多专项技术。在推进设计时，设计师将富于变化的地形变为景观设计的有利条件，以“立体回廊式景观”为设计理念，在垂直方向设置若隐若现的园路与台阶，沿途打造水景设施，种植树木。居住者从入口出发，直到空间开阔的制高点，在一定的位置可以观赏到天水一线的景观。设计师希望通过营造丰富的景观，让人们在此自由自在地享受生活的乐趣。

框架体系

立体回廊

景观设计的魅力之一，是能将拾级而上的辛苦转化成一项令人愉悦的运动。人们在台阶上放慢脚步，在沿着立体路线的移动中能更细致地欣赏周围景观的丰富变化。设计通过台阶的线形及材质加工方式的变化，为居住者提供种种不同的体验。此外，多种石材的墙面也极富变化，且会随着时间的推移而演化出不同的状态。

使用大规模的毛石挡墙及台阶来处理高差，展现自然的韵味

下台阶时能观赏到清新秀丽的风景

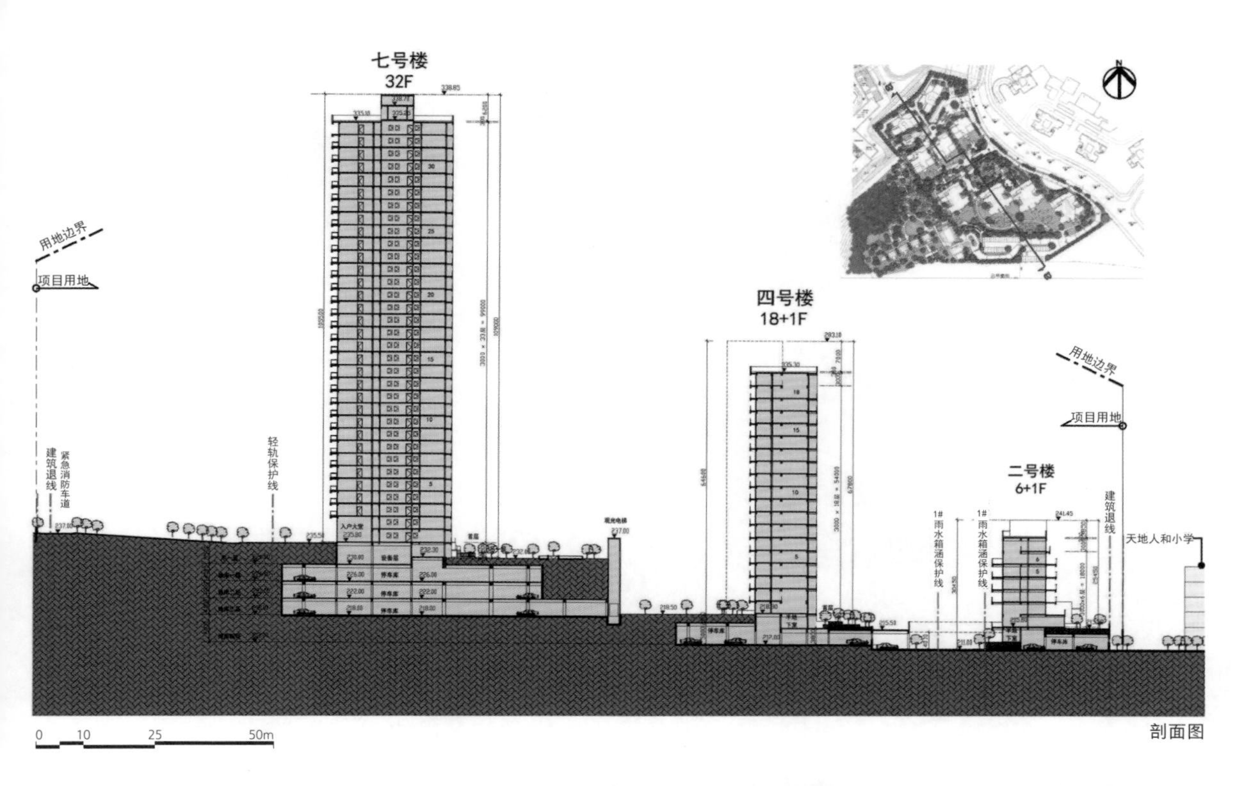

剖面图

高层住宅的入户台阶

通向会所的台阶

整体规划及重点区块规划

入口设计

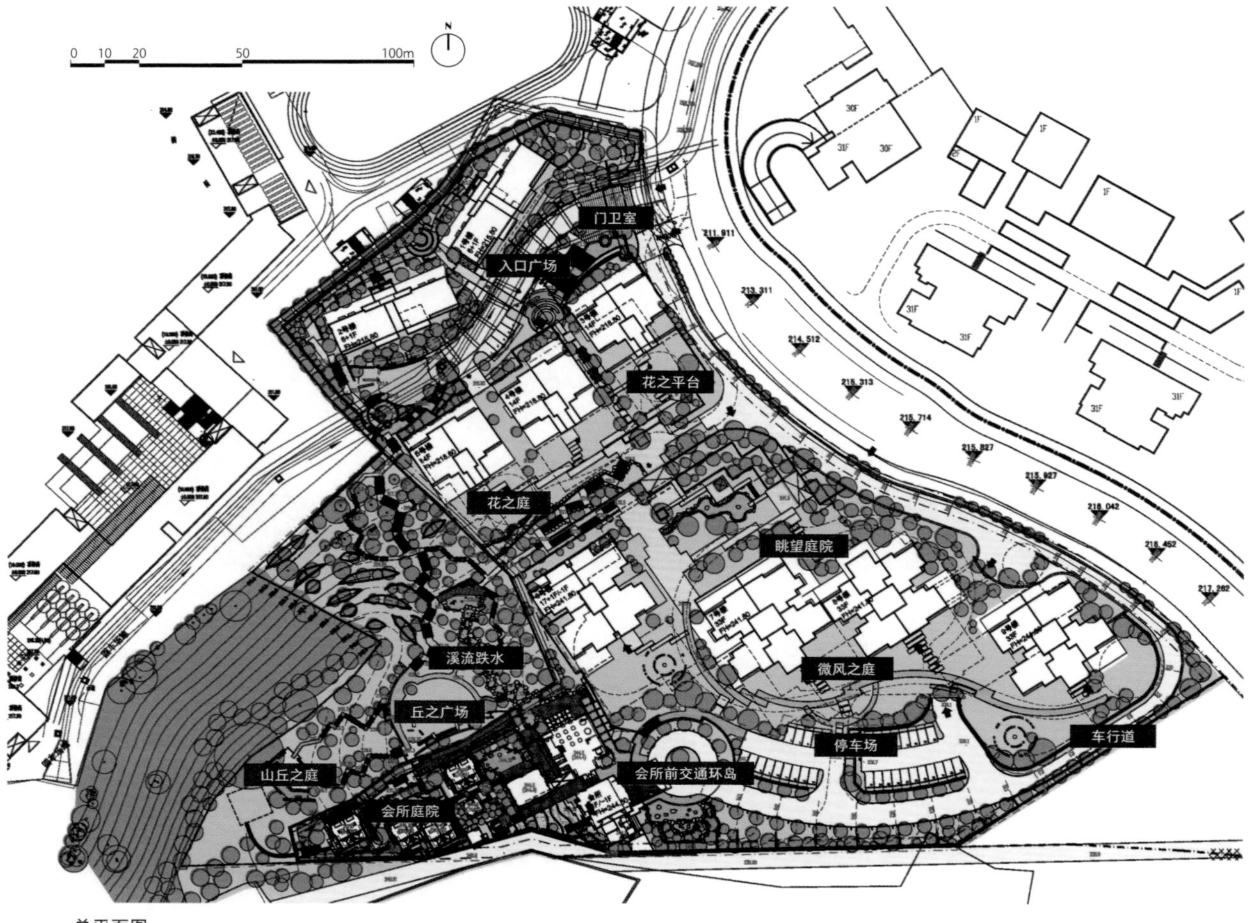

总平面图

引导来访者入户的壁泉台阶

主入口广场被水与“绿”包围。在起伏的地形中，台阶起到了导向性作用。跌水产生的欢快的水声向来访者述说着此处的不同。

会所落客区

位于高处的会所落客区简洁高雅。圆形植栽池内的主景树提升了空间的格调，并作为标志物引导来访车辆。

方案研讨时的手绘

入口大门与广场

景观要素

广场与溪流

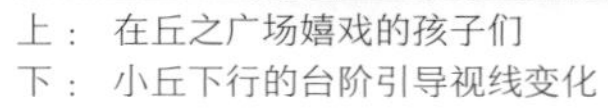

上： 在丘之广场嬉戏的孩子们
下： 小丘下行的台阶引导视线变化

背后的山丘营造出“幽玄”的韵味

从会所远眺丘之广场

开阔的草坪广场与周围的斜坡绿地清新亮丽。与之相对，低谷区域中营造自然氛围的人造溪流穿过树林，形成幽暗静谧的空间。由此，草坪与溪流形成两种风格迥异的空间，引导居民开展多样化的活动。

营造自然氛围的溪流

跌水下游的树荫与木平台

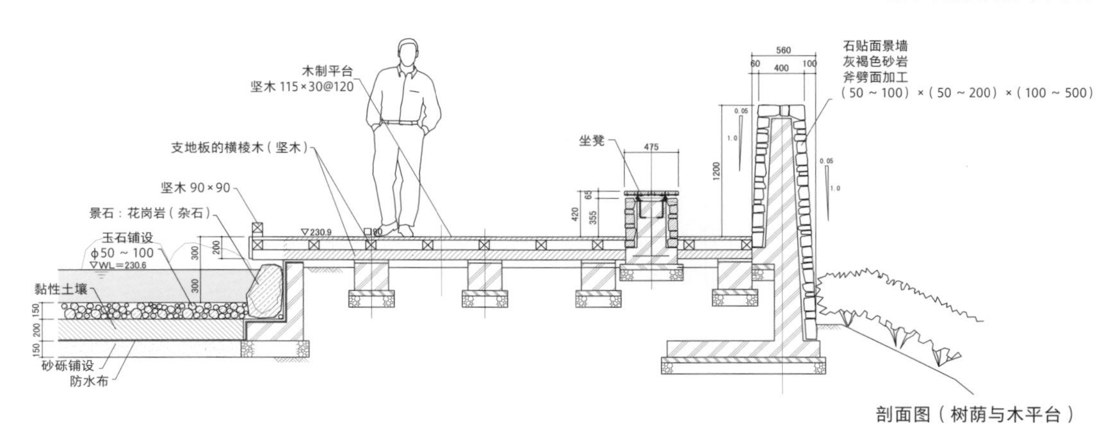

剖面图（树荫与木平台）

设施细节

流水与凉亭

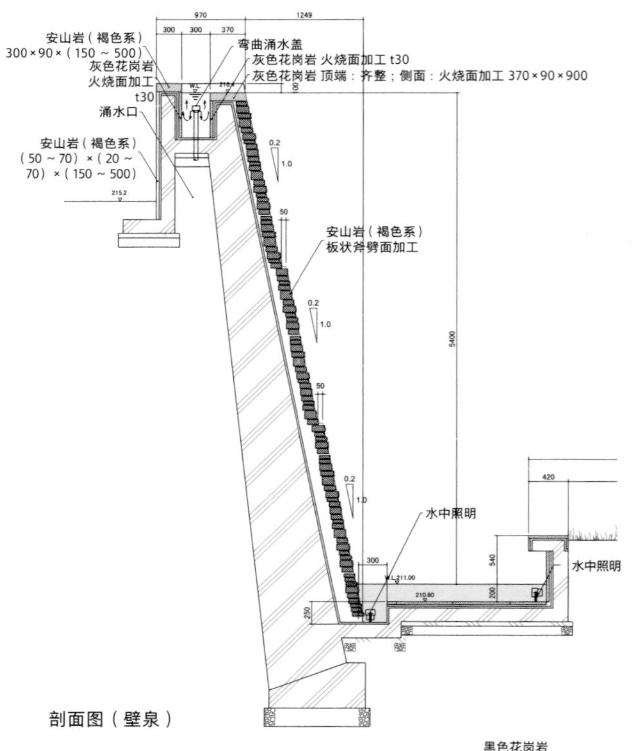

剖面图（壁泉）

沿壁泉设置的跌水台阶

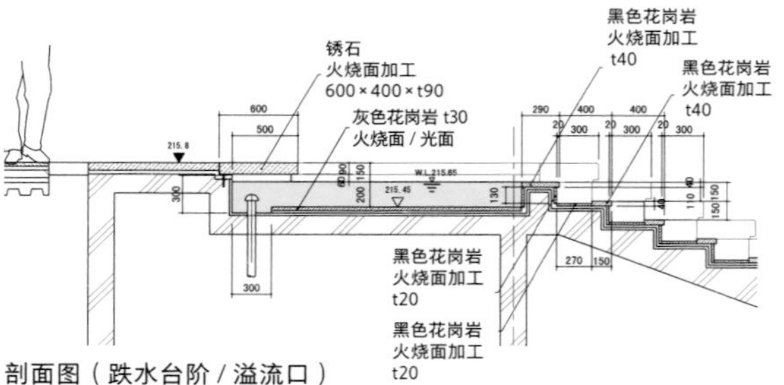

剖面图（跌水台阶／溢流口）

壁泉与台阶的搭配会使流向下游的水越积越多，为防止溢出，下游的台阶被设置得更宽。此外，壁泉若安静地流下会丧失存在感，因此设计师对跌水面进行凹凸处理，以丰富跌水的“表情”。步行台阶与跌水相连，叮咚的水声环绕耳边，令人无比愉悦。

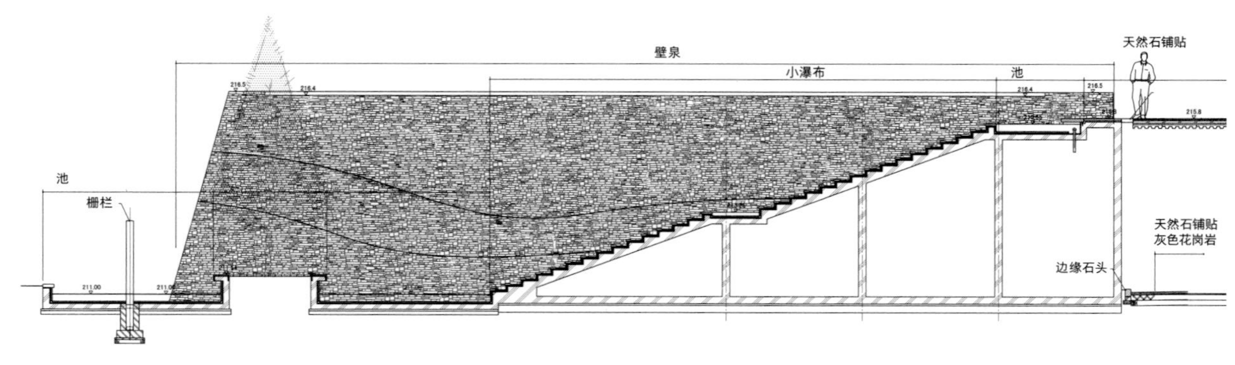

剖面图（壁泉）

花之平台的廊架

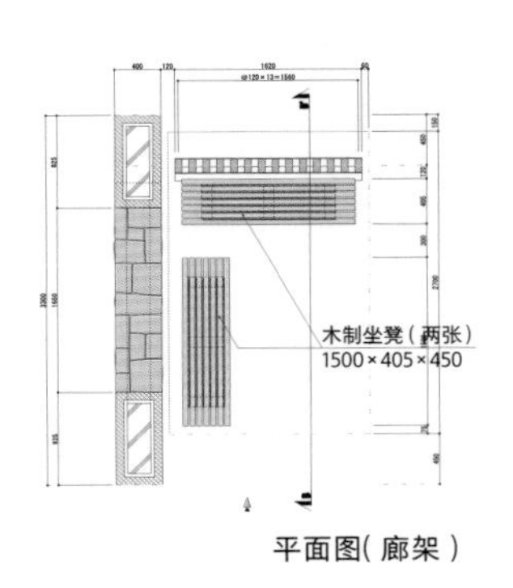

平面图(廊架)

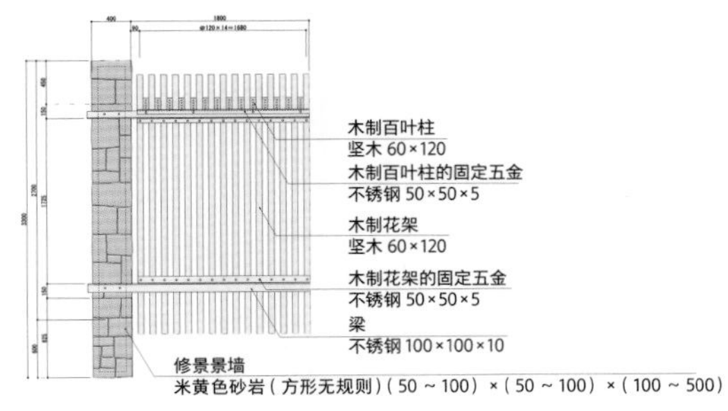

顶部平面图（廊架）

立面图（廊架）

剖面图（廊架）

整体规划

地形利用

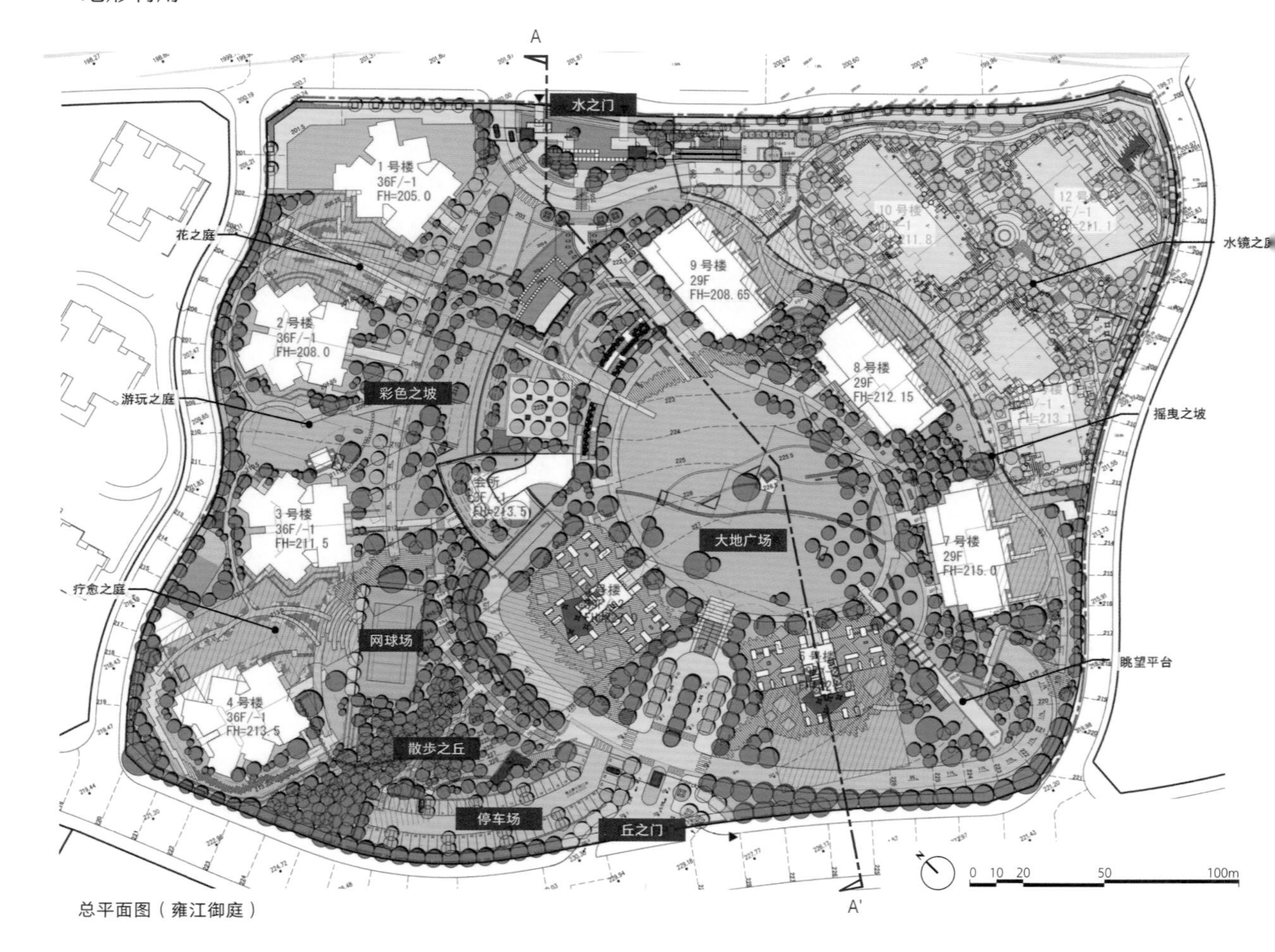

总平面图（雍江御庭）

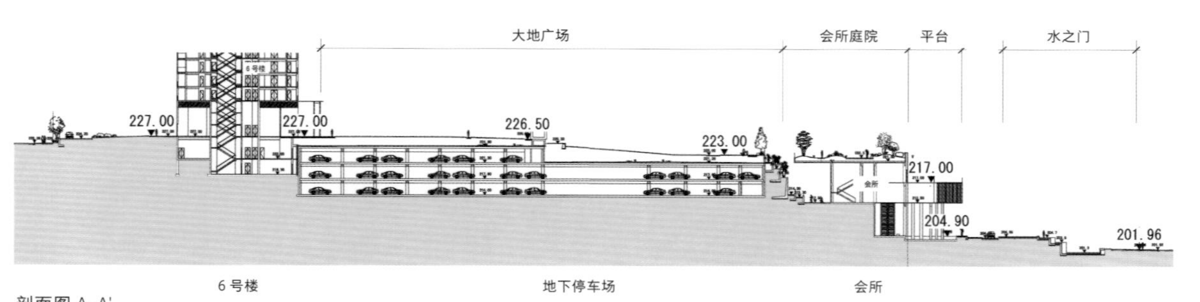

剖面图 A-A'

会所入口

从丘之门到大地广场

重点区块规划

大地广场

俯瞰大地广场

重点区块规划

入口设计

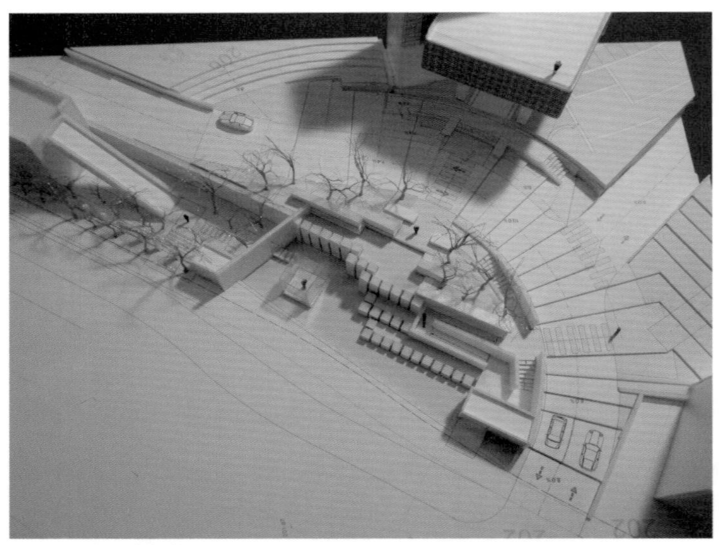
水之门设计研讨模型

宽阔的临街入口广场与街区极好地融为一体。入口门外的水景平静而开阔，进入门内，有台阶和坡道两种路径可供选择。逐渐深入园区，再回望入口时，眼前所呈现的景观极为精巧。入口正前方的瀑布虽不奢华，但跌水溅起的水花突出了水景的存在感。

门户区种植当地特有的树木

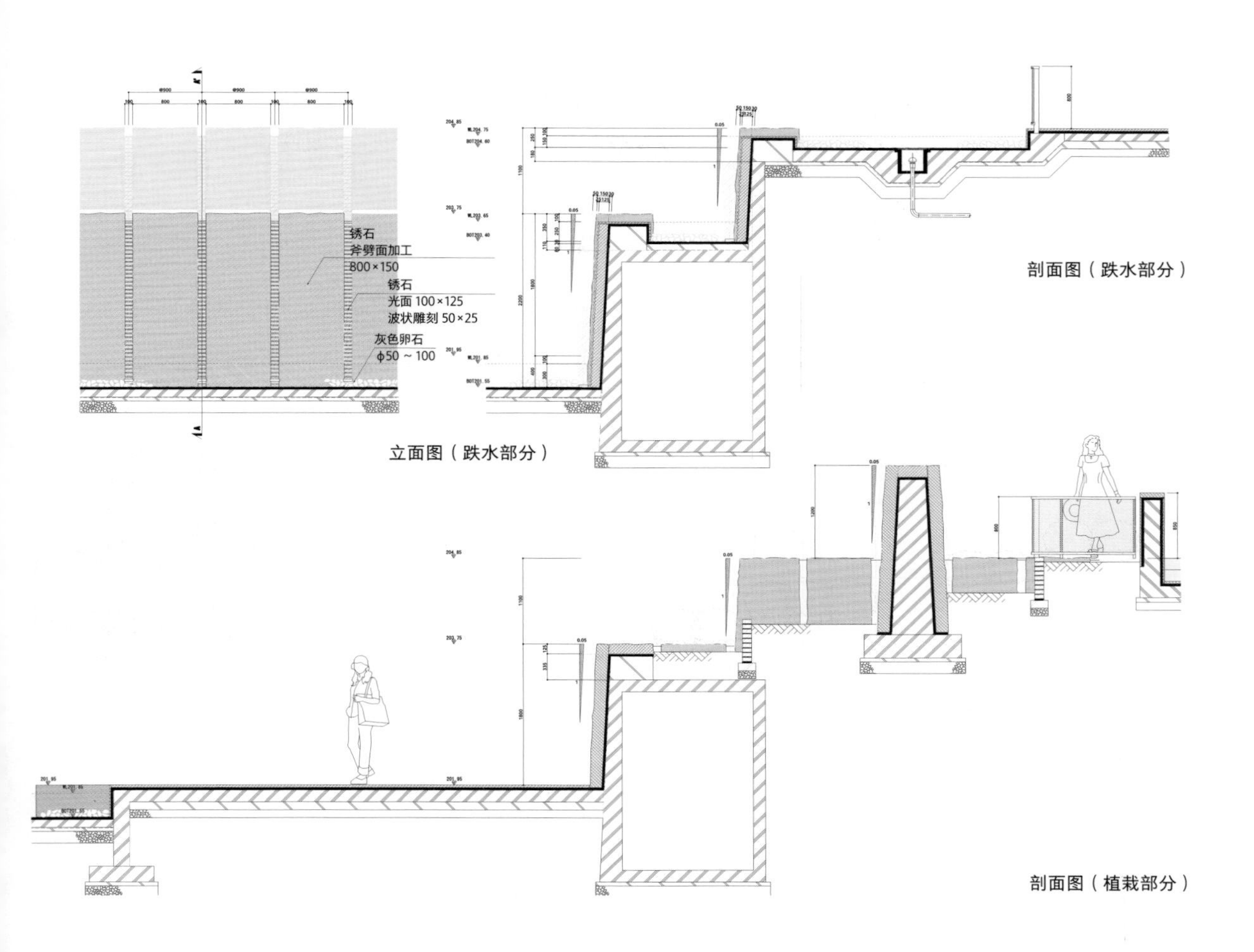

剖面图（跌水部分）

立面图（跌水部分）

剖面图（植栽部分）

与立柱风格相配的竹子

宽阔的水面与跌水之间的对比是“水之门”的关键

景观要素

面向城市的外立面

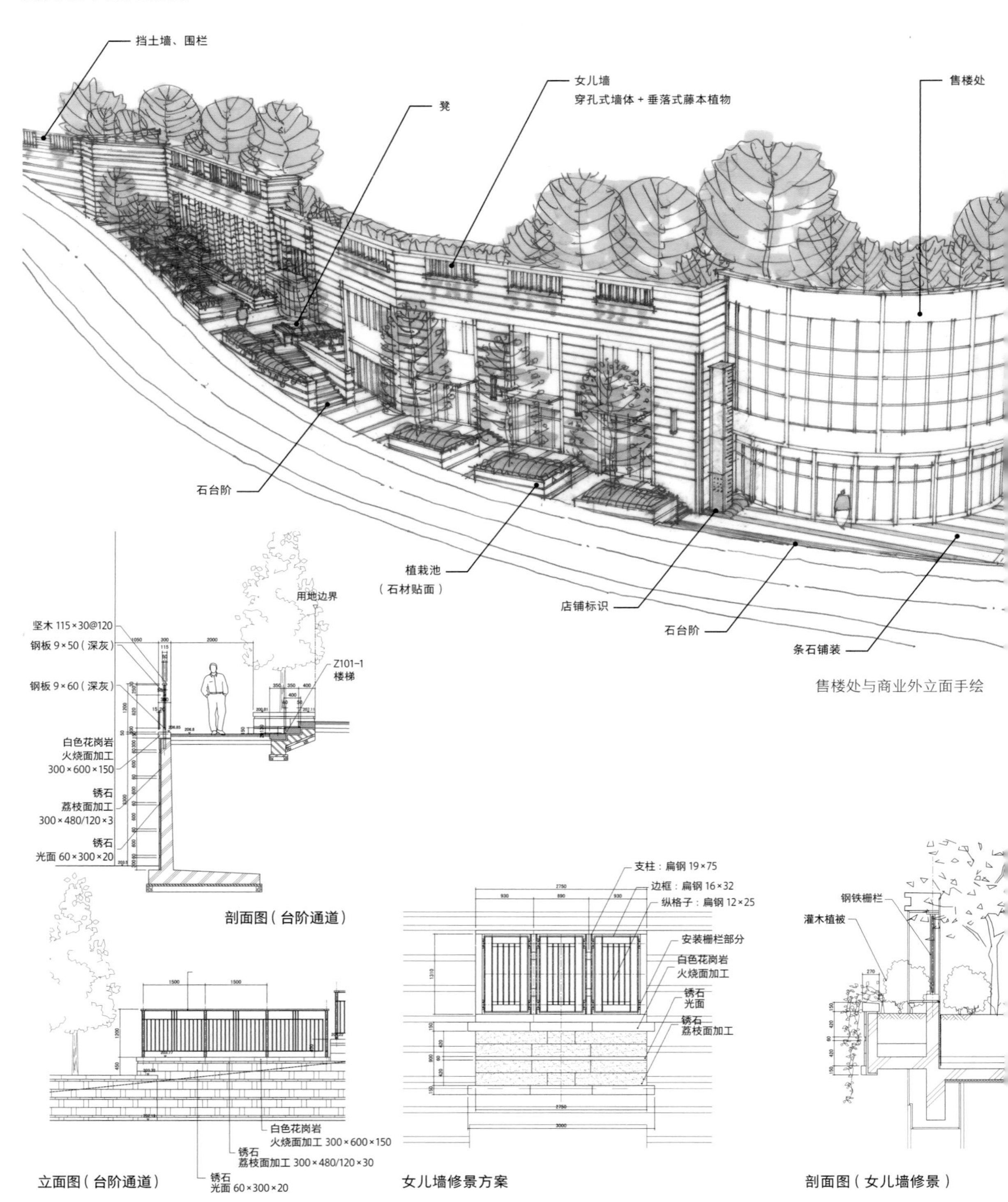

售楼处与商业外立面手绘

剖面图（台阶通道）

立面图（台阶通道）

女儿墙修景方案

剖面图（女儿墙修景）

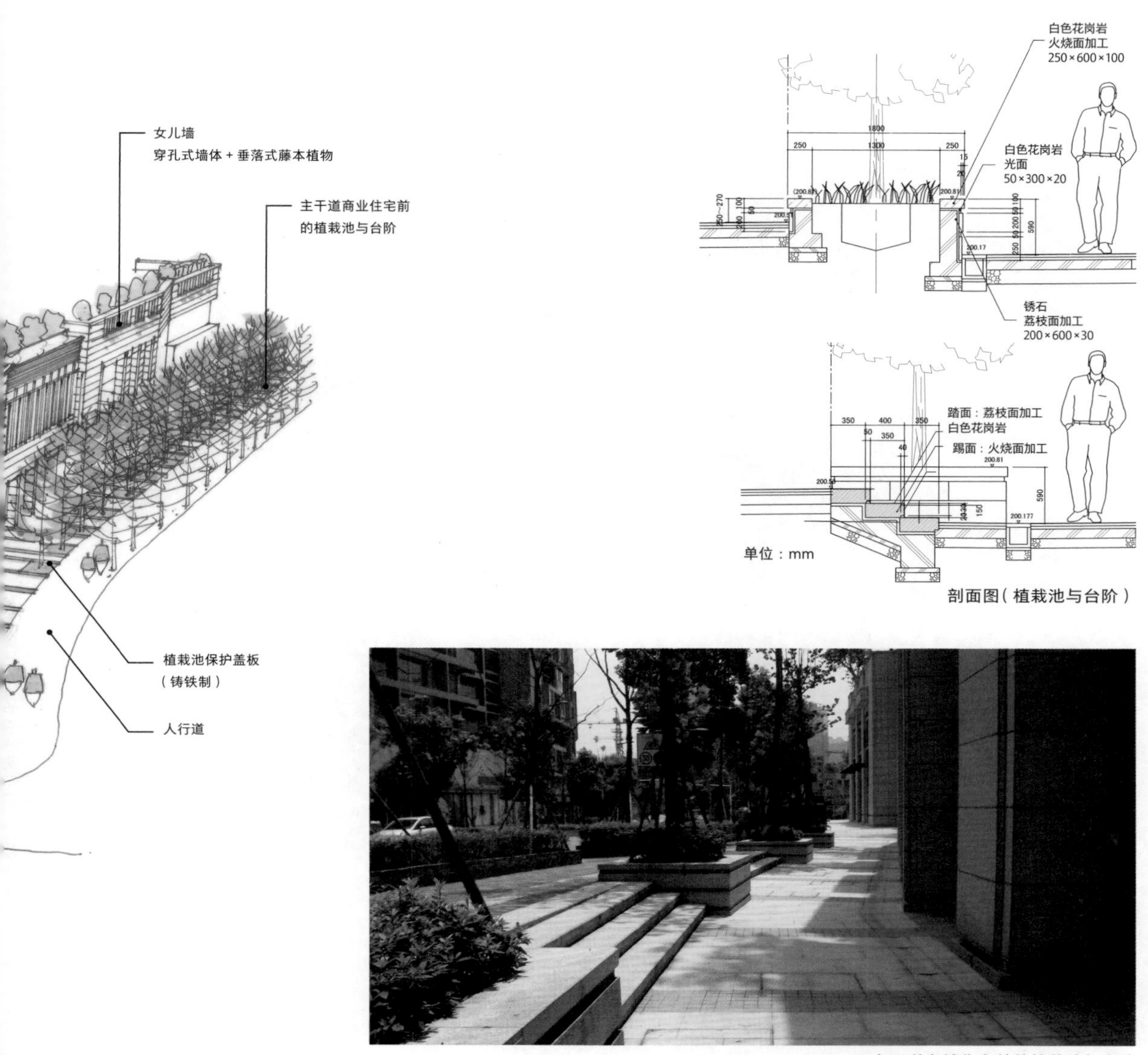

剖面图（植栽池与台阶）

主干道商铺住宅前的植栽池与台阶

主干道商业住宅的外立面

景观要素

大地广场

俯瞰休憩区

稍做休息的居住者

设计师利用现有地形打造地下停车场，并在其上方设计了开阔的“大地广场”。利用地形高差进行空间设计可以为居住者提供各种不同的生活空间，从而创造难忘的回忆。

被超高层建筑包围的大地广场的休憩区一角

住宅楼前宽阔的草坪空间

景观要素

园路景序

表现景观的最佳手法是排列景序，因此我们配合开阔的空间尺度设置了宽敞的园路。树木的间距节奏应与设施相匹配，地形处理也需慎重。

起伏的地形营造出蜿蜒曲折、望不到尽头的园路

在封闭式空间中，高品质的细节处理增添了人们穿行其中的乐趣

对页：在主园路旁布置点景汀步，营造出景观延绵不绝之感

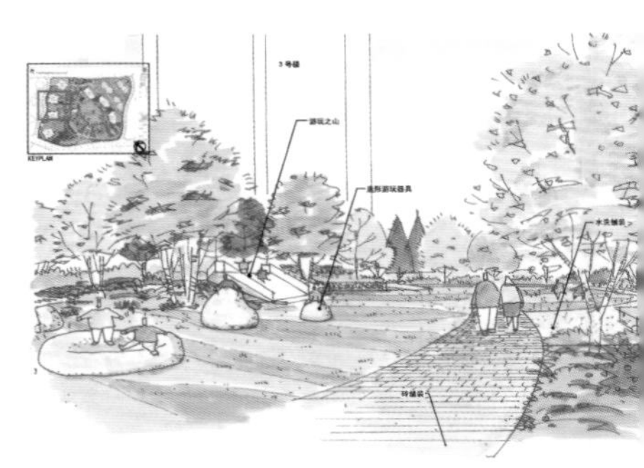

游玩之庭的意向

散步之丘的意向

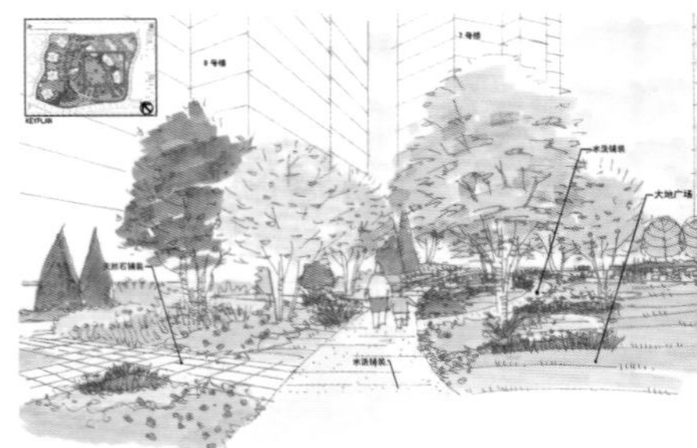

大地广场的意

设施细节

眺望空间

远眺背后山丘的眺望平台

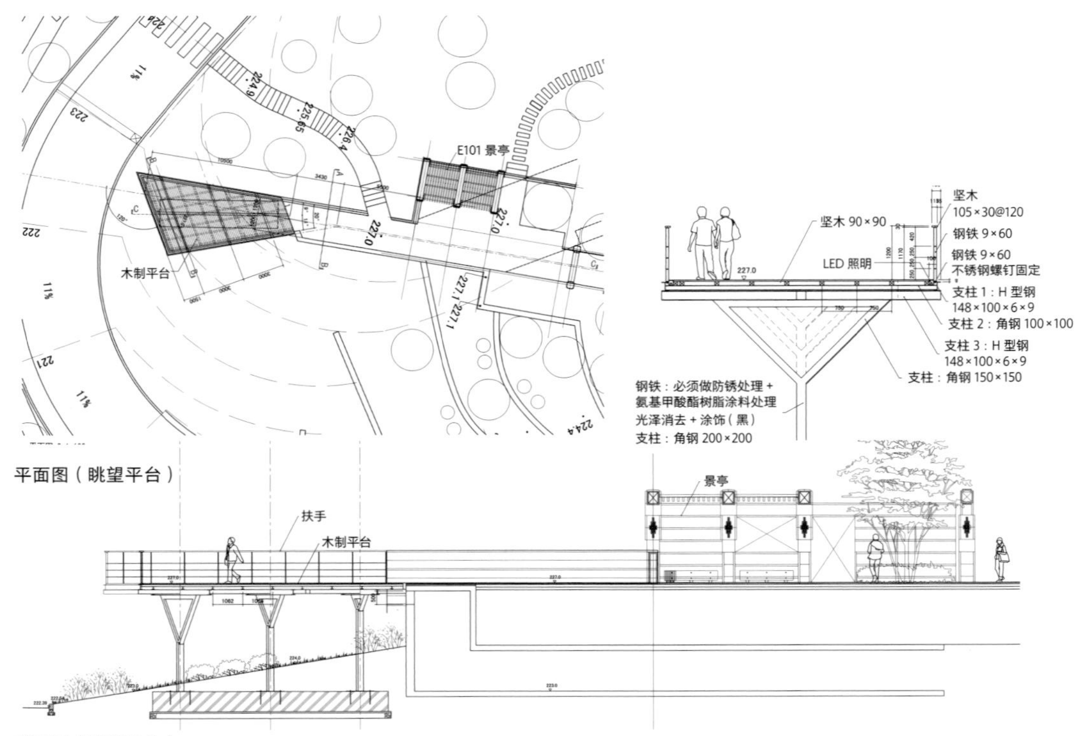

平面图（眺望平台）

剖面图（眺望平台）

廊架

该项目尽量使用曲线形园路，仅在重要空间使用直线形园路以凸显轴线。通向眺望平台的轴线面向山峦添置框景，营造绝佳的景深感。立柱的样式取自富有立体感的建筑局部设计，并通过空间序列的叠加使景观表现更加丰富。

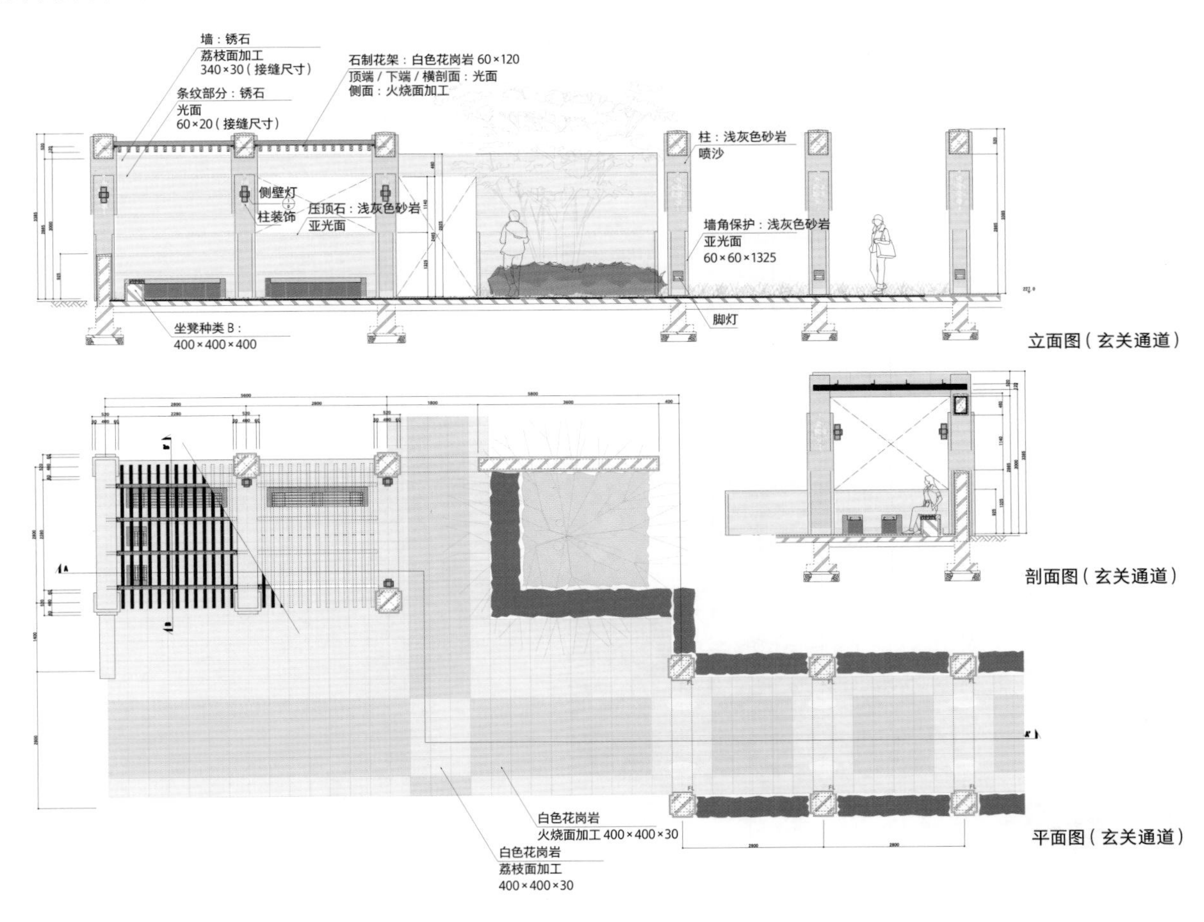

衔接大地广场与眺望平台的轴线，兼具廊架功能与照明功能的玄关立柱

景观要素

低层住宅

低层住宅入口

低层住宅附近的景观须与建筑尺度相符，营造出多样而小巧的空间。曲折舒缓的园路、小尺度的台阶、细致入微的细节处理提升了空间的质感。

蜿蜒曲折的园路

低层住宅入口通道的手绘

通往玄关的小台阶

曲折的园路手绘

06 北京亿城燕西华府

原生态的生活——
营造动静交替的开阔空间

规　模：343 500 平方米

设计思路

位于北京市区西侧的亿城燕西华府属于郊外居住区。项目用地距北京市中心约 30 千米，附近连绵的群山与青龙湖的湖畔风景美不胜收。该项目旨在打造一处远离城市喧嚣、自然资源丰富的悠然居所。因此，景观的设计着重以营建原生态的高级住宅园区为目标来展开。

项目用地的背景西山，是一处山清水秀的旅游胜地，人们在那里可以放松身心，尽情领略自然风光。因此，我们希望住宅区的景观能够师法自然，让居住者置身于富有禅意的静谧中，有机会与自我进行深层次的对话。住宅区的建筑设计融入了建筑大师弗兰克·劳埃德·赖特（Frank Lloyd Wright）的风格，强调水平的线条和厚重的质感。景观设计需与建筑的厚重质感相呼应，创建深深扎根于大地的核心框架空间。

设计通过以风、光、花为主题的三处小丘和拥有水元素的“森林谷地”，营建充满自然生机的住宅区景观。舒缓的小径蜿蜒前行，自然地连接起“风

和日丽”“光影如梦”“姹紫嫣红”的小丘风景，并最终会合于会所前开阔的谷地。基于地形变化而设计的阶梯式跌水轻柔妩媚，跌落方式富于变化。直跌落的瀑布气势磅礴，令到访的宾客叹为观止。将所有空间衔接起来的是人工打造的、壮丽的风景，供居住者尽情地享受。设计师希望人们能在此体验到丰富多彩的生活场景，处处留下可以与家人共同回味的美好记忆。

景观节点中至关重要的是住宅间的谷地。山谷中的自然林实现了打造“原生态住宅区”的目标。连接各住宅的环游路线，增添了闲庭信步的乐趣。变化的溪流、倒映周围风景的开阔水面等水景元素演绎出灵动而丰富的自然景色。规整宽敞的草坪广场可用于球类运动或举办户外宴会。我们希望居住者们能在此相聚，加深彼此的交流。

框架体系

构建散步区域

景观设计以“自然美”为基础、“样式美”为框架、“造型美”为风格，组建出完整的方案。构建景观轴线作为整体规划的框架，并将多个重点区域与框架衔接来推进设计。

自然美

完全无人为创造的原有美景

整体（规划地块及周围）

外围绿地

公园

· 向西眺望广袤的群山
· 南面舒缓展开、起伏不断的丘陵
· 空间深处涌现的山谷
· 常绿乔木和落叶树相混一体的色彩
· 瀑布、小溪、水池呈现出丰富多彩的水景

水中嬉戏，观察昆虫、动物与自然生态，天文观测，绘画，摄影

样式美

由秩序空间所构成的美感

园路

主干道

· 开阔的草坪和井然有序的行道树
· 舒缓、柔和的园路曲线
· 富有空间节奏感的建筑小品和照明灯具
· 因直线平面的延伸而突出的景墙和栏杆

散步、跑步、骑自行车、体操、太极拳，以及各种体育活动

造型美

维持人为创造出的美景

楼层之间的空间、主入口

集中点

· 与建筑相平衡的绿化
· 以花草和果树为主题的园林设计
· 因材料和人工建造带来的小小差异而构成的富有变化的园路
· 与建筑相呼应，用天然素材精心装饰的景墙和大门
· 具有文化、艺术氛围的广场、休息区

游戏、露营、烧烤、品茶、赏花、读书、与宠物玩耍、欣赏园艺

广场区

散步区

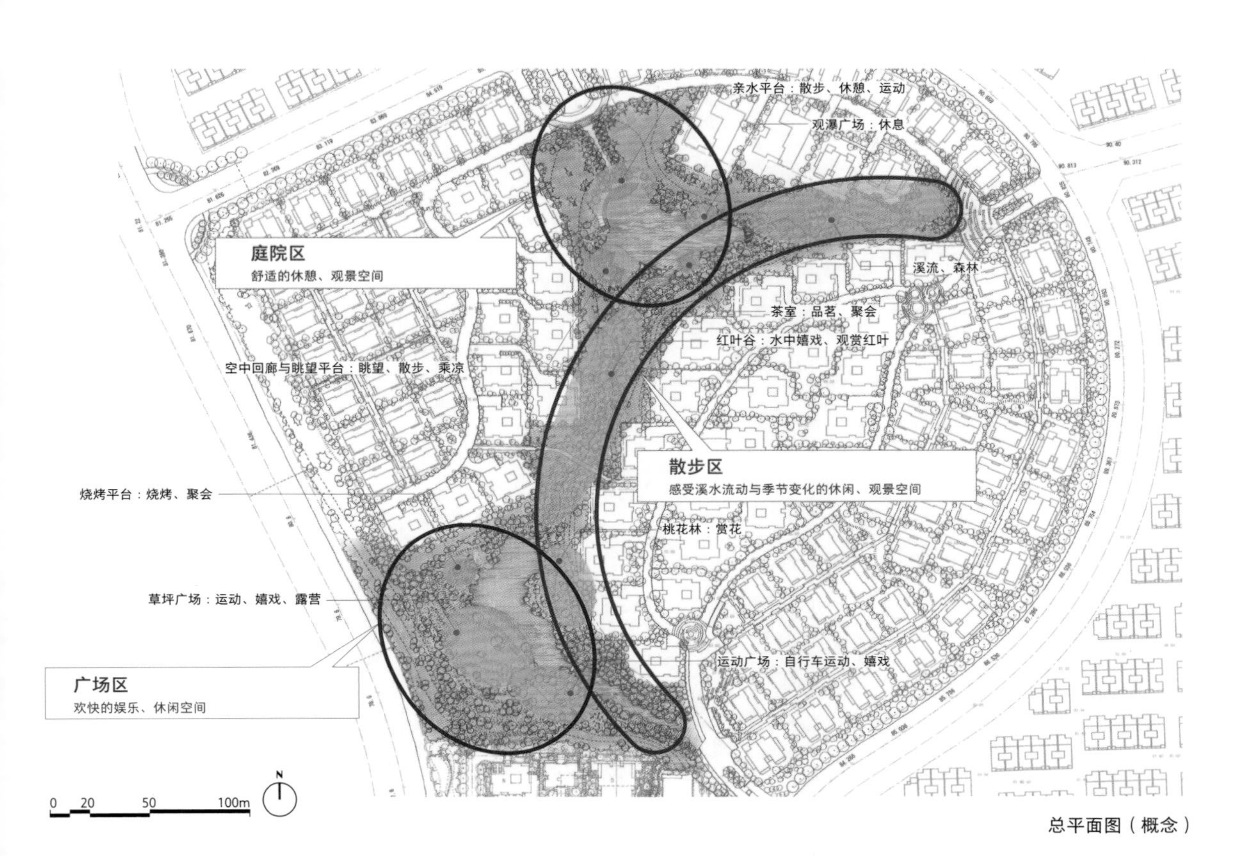
亲水平台：散步、休憩、运动
观瀑广场：休息
庭院区
舒适的休憩、观景空间
溪流、森林
茶室：品茗、聚会
红叶谷：水中嬉戏、观赏红叶
空中回廊与眺望平台：眺望、散步、乘凉
散步区
感受溪水流动与季节变化的休闲、观景空间
烧烤平台：烧烤、聚会
桃花林：赏花
草坪广场：运动、嬉戏、露营
运动广场：自行车运动、嬉戏
广场区
欢快的娱乐、休闲空间
0 20 50 100m
N

总平面图（概念）

庭园区

整体规划

总平面图（概念）

森林谷地是在原有地形上挖掘而成的，建筑沿谷地外围呈环绕之势布置。树木、景墙等设施与地形的高差保证了宅邸的私密性。散步道的标高略低于住宅庭院，这同样是利用高差遮挡住宅外的视线，从而营造出宁静的居住空间。该项目规划了多条散步动线，临街住宅由地面一层入户，而地下一层的平台可直接通往谷地，方便居住者前往户外空间。

对页：溪流旁的散步道与空中栈桥相交

节点设计

谷地的景观设计

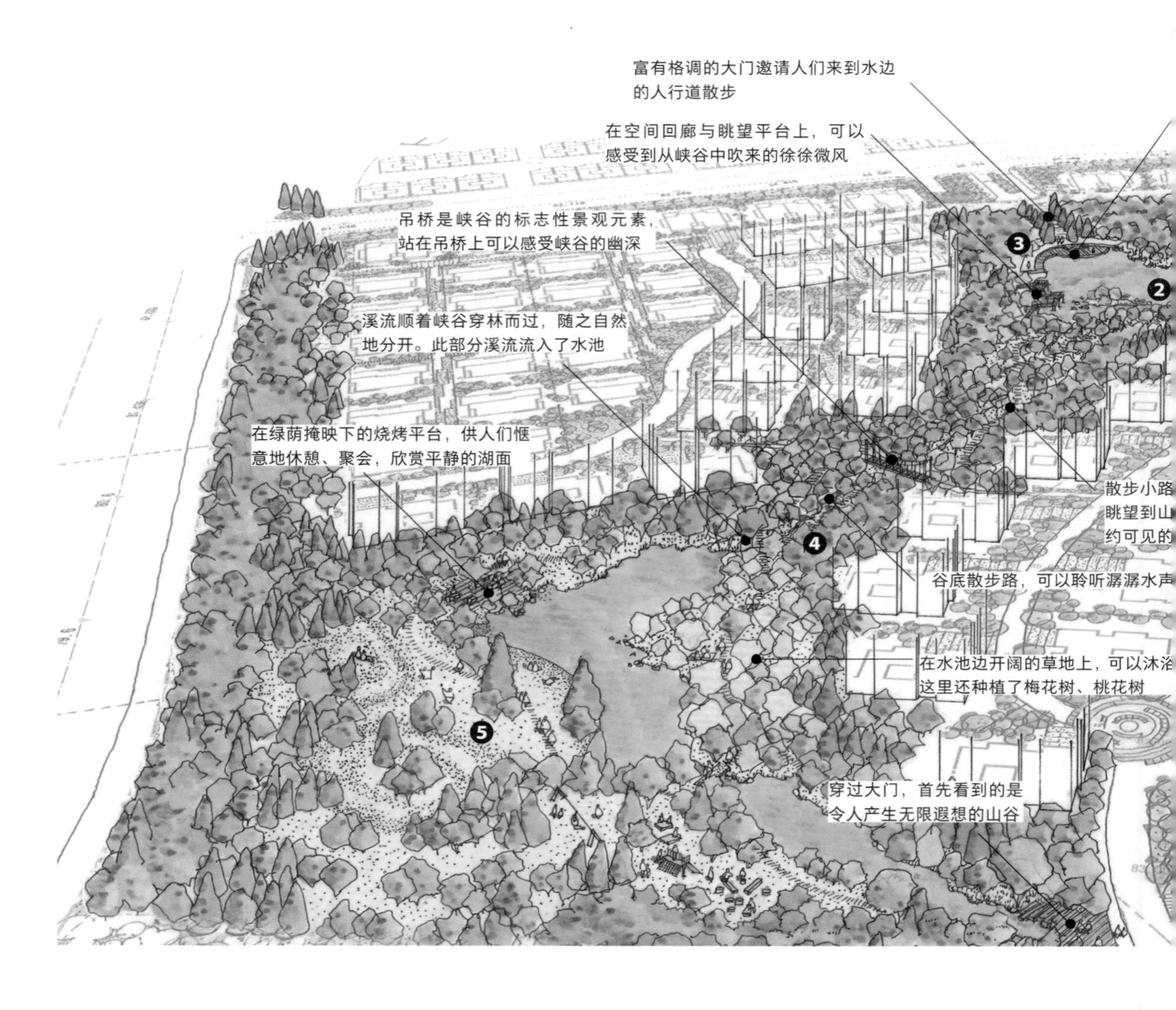

❶ ❷

可供人们休息或进行舒缓的运
还能细心感受水的莹润

在观瀑广场上聆听瀑布的声音，
可以令人心绪平静

对于节点的设计，较为有效的方法是在大脑中预先建立起一个立体空间模式，随后进行深入探讨。例如，在设想俯瞰森林和草坪或感受溪水流动与溪流宽度的同时推进设计，充满内在联系、层次丰富的景观便会浮现在眼前。

景观要素

台阶与水景设施

大型水池与轴线上的台阶

为打造核心区域，设计师在用地中央设置了巨大的静水面，让广袤天空的倒影呈现在人们面前。像这样可以解放居住者内心的空间，实属可贵。

从入口广场到水池的方向轴使用能够提升格调的直线构成了景观轴线。沿台阶前行，悦耳动听的流水声引导人们到达水池。这条路线展现出用地中最具仪式感的空间。

上：通向水池的舒缓台阶
中：连成线的水渠
下：落入大水池的假山瀑布

景观要素

水景与散步道设计

以低层住宅为背景的开阔水面令人心情愉悦

休憩空间前展现的开阔水面

与溪流及散步道相接的低层住宅

沿舒缓的曲线向深处延伸的散步道

水景及散步道采用自然的曲线，与层层深入的园林一起，引导人们不断前行，而池边的树木则温柔地遮挡住人们的视线。

低层住宅旁具有人性化尺度的散步道

营造出山路险峻氛围的散步道

水畔宽敞的散步道

会所与水的设计

会所及低层住宅的周边须设置与建筑体量相符的人性化尺度空间。此处进行了细致的设计和充满人性化的细节处理。

上：通向会所的小溪
中：蜿蜒曲折的会所散步道
下：丰富多样的散步道设计

从会所观赏正前方的石壁与水池

跌水从山上流入谷地。山麓采用如屏风般的大规格石材，营造出气势恢宏的景象。岁月在石头上留下的一道道雕刻痕迹，使山林的风景变得更加深邃。

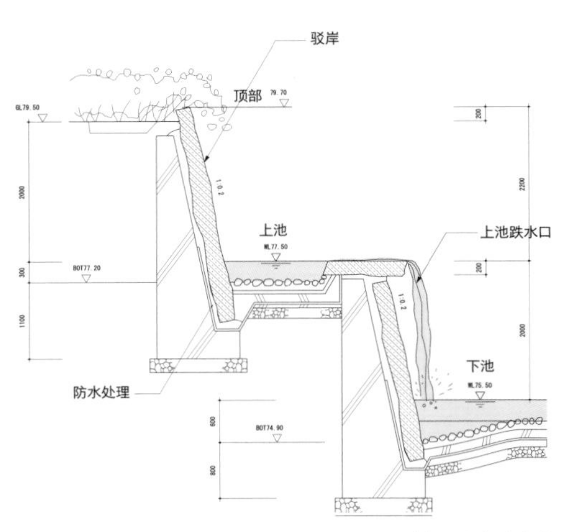

剖面图（跌水）

方案研讨时的手绘

设施细节

栈桥与散步道

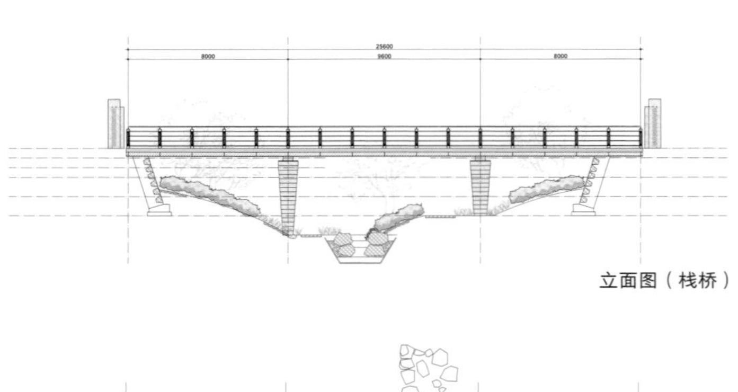

立面图（栈桥）

由栈桥形成的立体、多样的步行动线

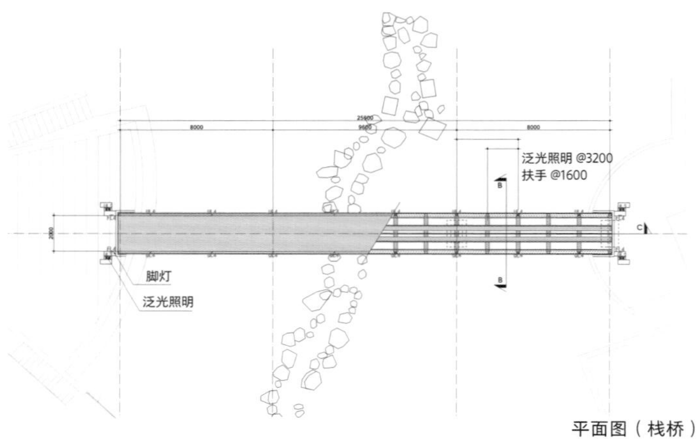

平面图（栈桥）

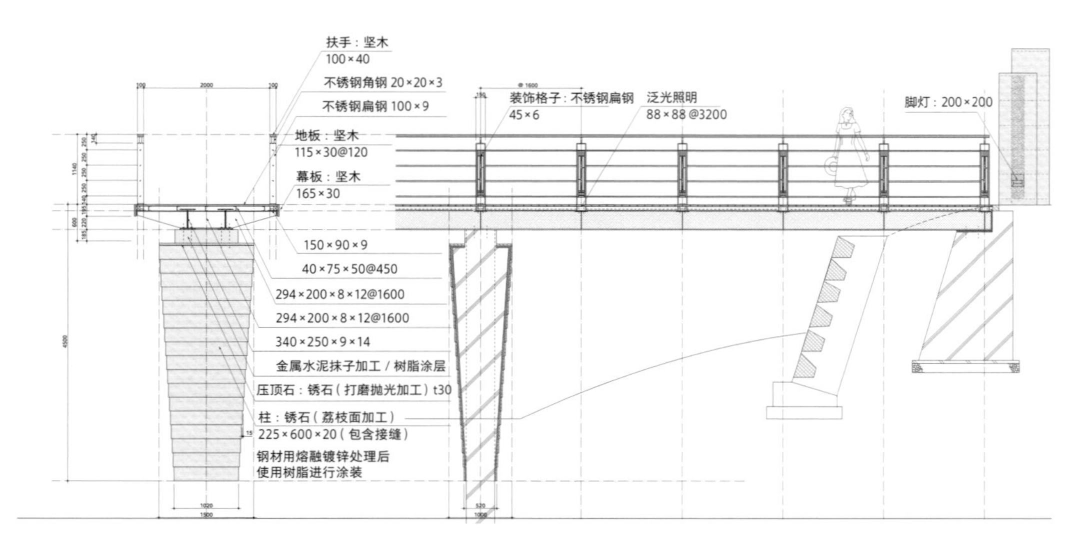

剖面图（栈桥）

从小桥观赏散步道与溪流

将散步道的空间立体化，创建从桥上远眺、从下方仰视等观景视角，增添散步的乐趣。居住者在此可以体验到多样的邂逅空间，增进彼此间的交流。

从小桥眺望住宅

设施细节

休憩空间

观看休憩空间与溪流的联系

轻奢风格的休憩空间

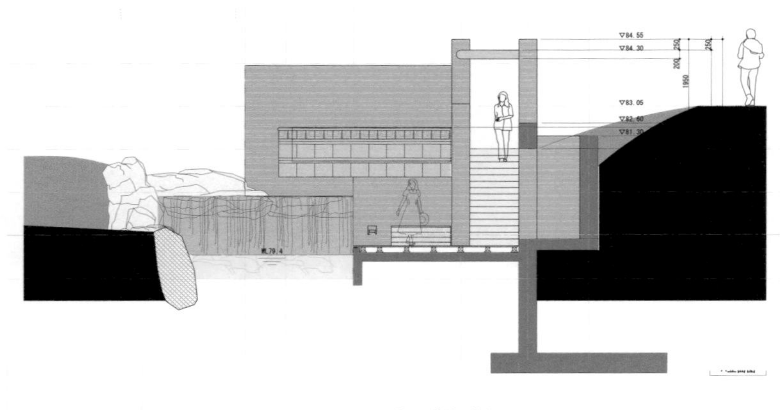

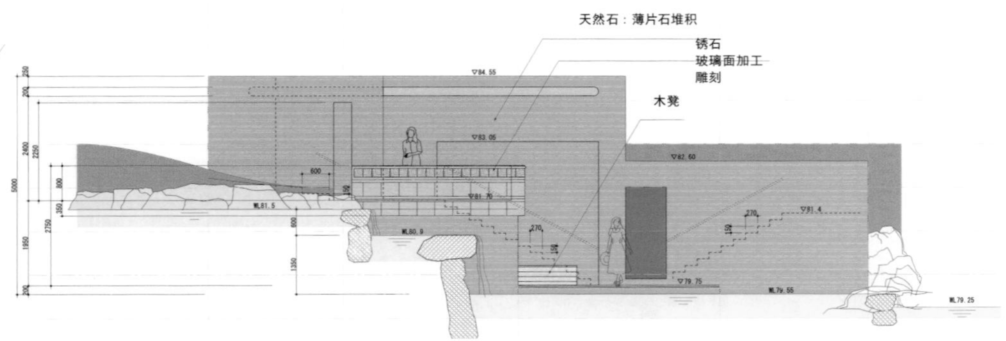

立面图（溪边的休憩场所）

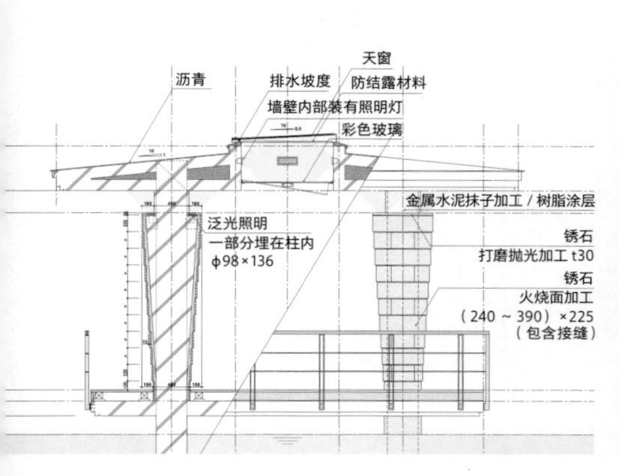

剖面图（休憩亭）

休憩空间与景墙

作为景观设计中不可或缺的一环，休憩空间的设计十分引人注目，其内部空间的营造也极其丰富，尤其是轻奢风的休憩空间，将景墙的韵味融入大自然中，创造出绝妙的平衡感。

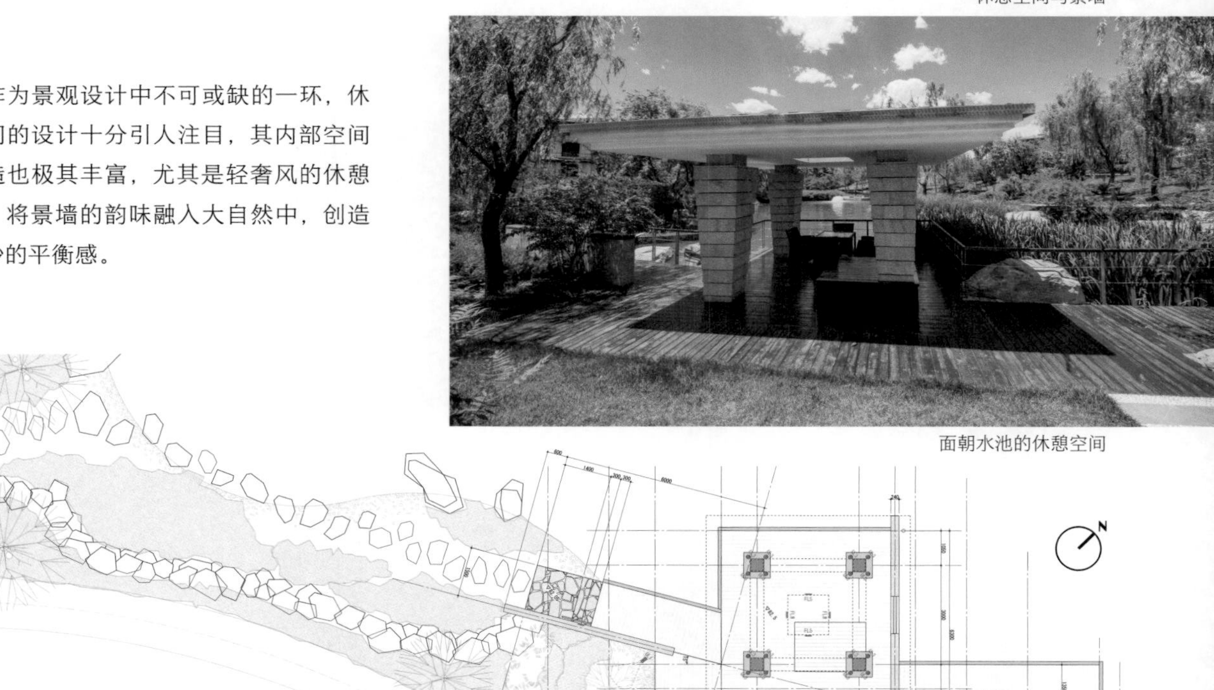

面朝水池的休憩空间

平面图（溪边的休憩场所）

07 苏州阳澄湖太和汇别墅酒店

非日常空间的乐趣——
临湖而建的度假式空间

规　模：41 000 平方米

设计思路

该项目位于苏州阳澄湖湖畔，在改建度假酒店的同时增建了五栋会所建筑。会所建筑以中国传统的“五行”哲学为主题，特征鲜明。为了配合建筑的风格，园区景观采用简约自然的“禅意”风格。会所区体量较大，包括入口区、中庭区和湖畔区。三大区域通过水景及石材铺装的园路来衔接，既简洁，又时尚。面朝阳澄湖的平台采用规则的水平设计，两侧柔美的植物与广阔的湖面相融，营造出和谐的氛围。

经过改造的酒店区域被称为“湖畔离宫”，该区域中疏朗开阔的景观与气势恢宏的建筑相得益彰。从主入口到湖畔的轴线既是景观的骨架，也是设计的主体。酒店建筑紧邻半圆形水池，池内清泉涌出后汇入溪流，与草坡一同画出一条优美的弧线，流向阳澄湖。

用地东侧是可以远眺阳澄湖的“幸福之丘”。这里是举办花园婚礼的重要场所。婚礼通道笔直地通向湖畔，富有仪式感的水上舞台和草坪广场组成户外婚宴会场。水上舞台设在高处，涌水由高台跌下形成水帘，为在下层园路散步的人带来惊喜。穿过水帘看到的庭园景色别有一番风味，令人不禁驻足观望。由此可见，景观的空间变化十分重要。

户外自助餐厅、自助烧烤平台、枯山水庭院、林间的椭圆形遮阴亭等设施散布在环游路线的各处。多元化的设施组合让人们在酒店度过幸福的时光。

此次规划的重点在于如何将阳澄湖借景到园区内：其一，保证从“幸福之丘”远眺阳澄湖的通景线，营造出非日常性的轴线景观；其二，将建筑一侧的溪流、涌水和跌水引向草坪广场，让多形态的水景一直延续到湖畔。换言之，将“丘之物语”与“水之物语”相交织，组成阳澄湖湖畔开阔的空间。

阳澄湖
自行车道
散步道
市政绿地
芳香庭
酒店客房
1号楼
2号楼
3号楼
4号楼
会所
款待之庭
绿篱+安防护栏
主出入口
0 5 10 25 50m
N

总平面图

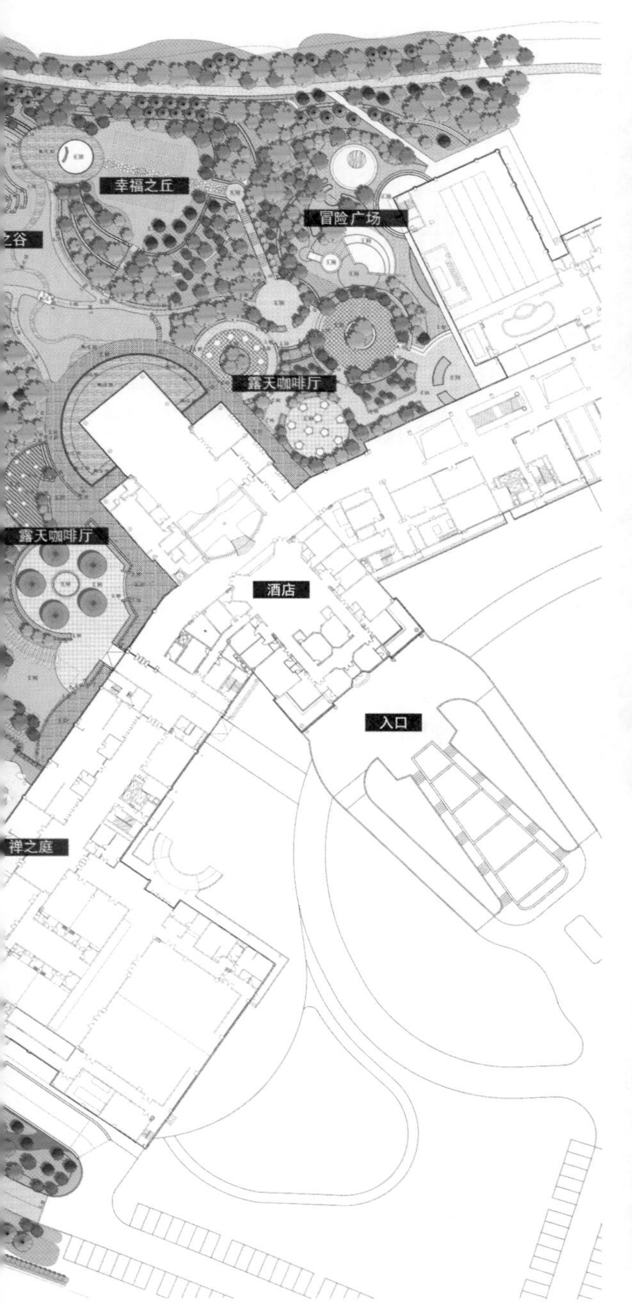

从酒店俯瞰草坪广场

外围的园路

主入口的园路

壁泉与阶梯式跌水

酒店的壁泉

水池的手绘

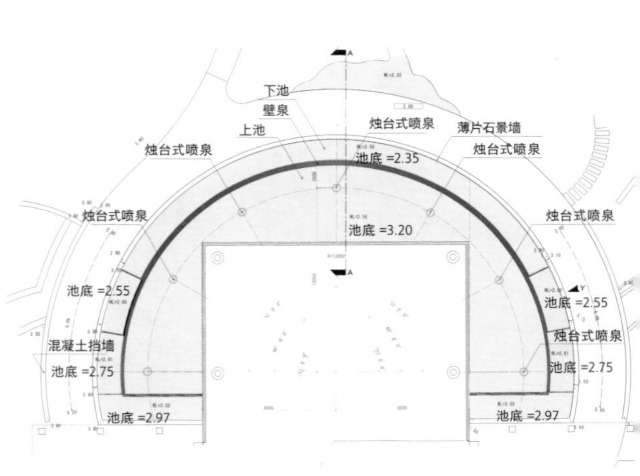

平面图（壁泉）

酒店餐厅与溪流

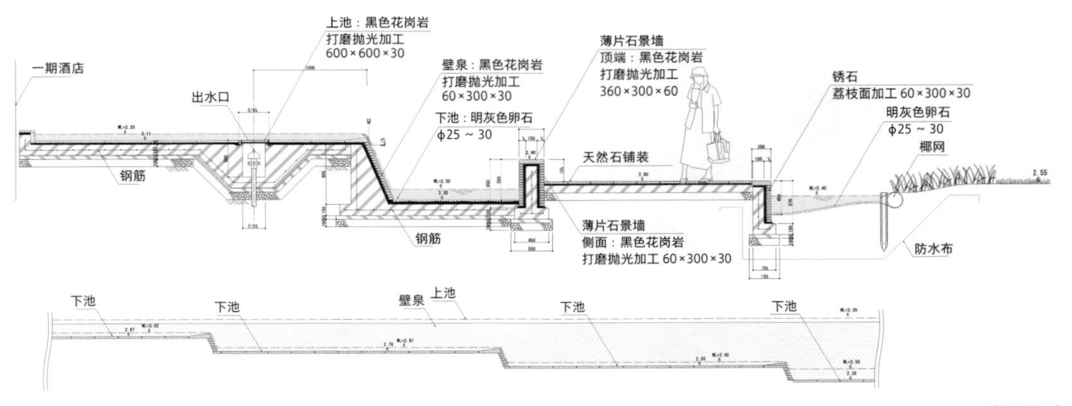

剖面图（壁泉）

水与绿的交织

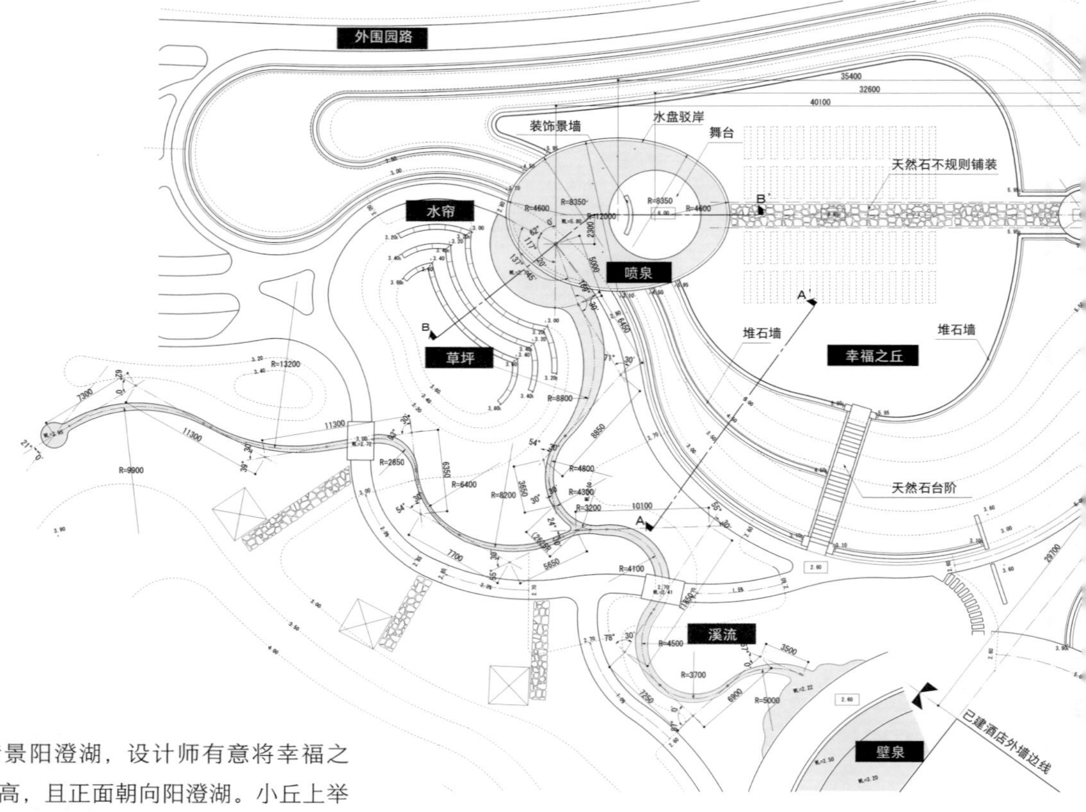

为了借景阳澄湖，设计师有意将幸福之丘设计得很高，且正面朝向阳澄湖。小丘上举办户外婚礼的设施一应俱全。此外，草坪广场以从酒店流出的溪流为主景，其上蜿蜒曲折的园路将步移景异演绎到了极致。而“幸福之丘”侧面的水帘与下方的草坪空间有机地连接在一起，营造出水与绿浑然一体的景观。

两侧百花盛开的散步道

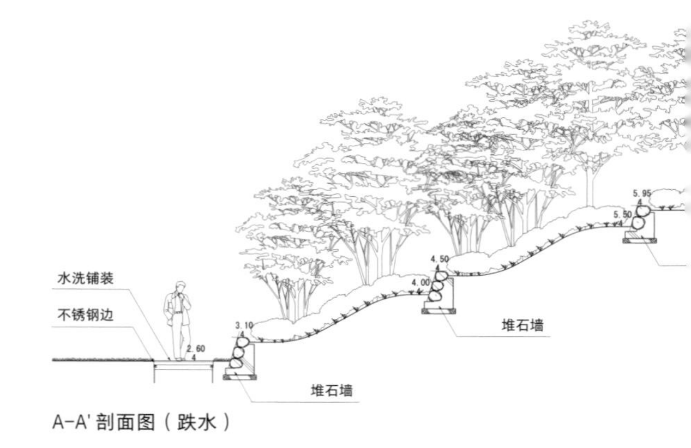

A-A' 剖面图（跌水）

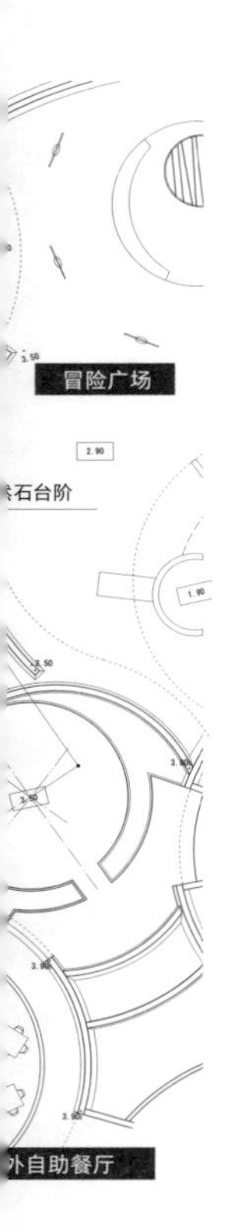

平面图（风之谷 / 幸福之丘）

从草坪广场观看酒店

从酒店观看草坪广场，前方为阳澄湖

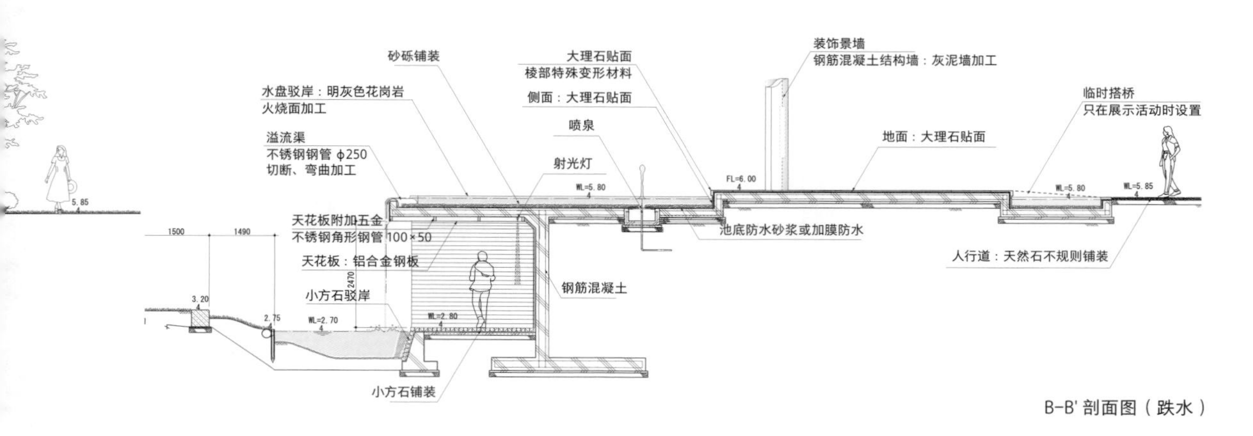

B-B' 剖面图（跌水）

设施细节

“幸福之丘”与周边设计

幸福之丘的水中舞台

穿过水帘观看草坪广场

作为举办婚礼最重要的场所，舞台以水环绕，以白色的石材铺就。洁白的舞台象征着新婚夫妇即将开始崭新的生活。舞台周围的水在水池边缘突然下跌形成的水帘，为舞台下方的园路提供令人惊喜的风景。

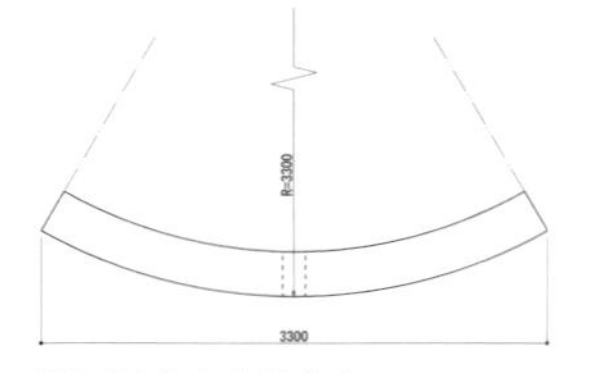

平面图（水中舞台）

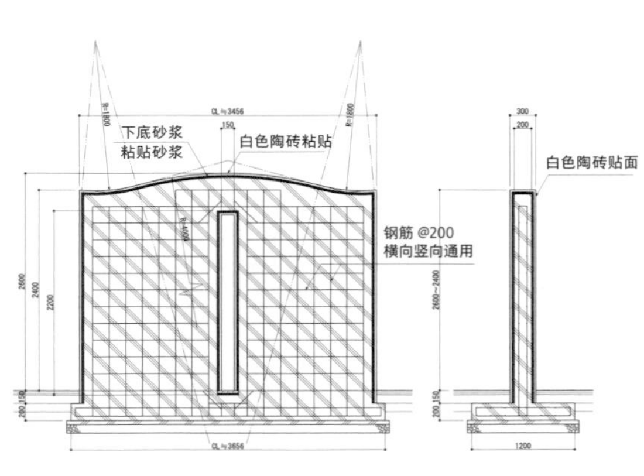

剖面图（水中舞台）

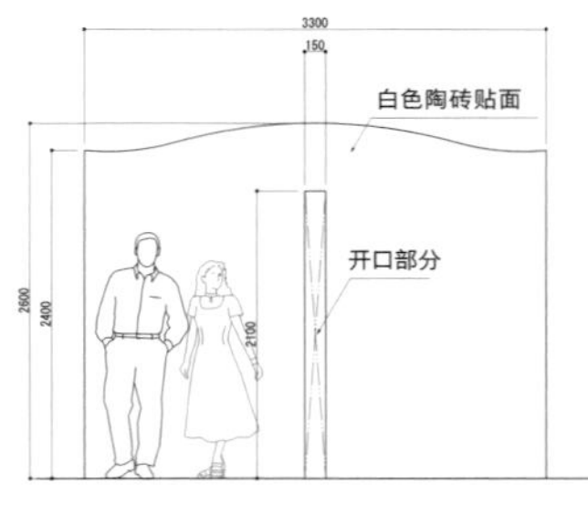

立面图（水中舞台）

从幸福之丘跌落的水帘

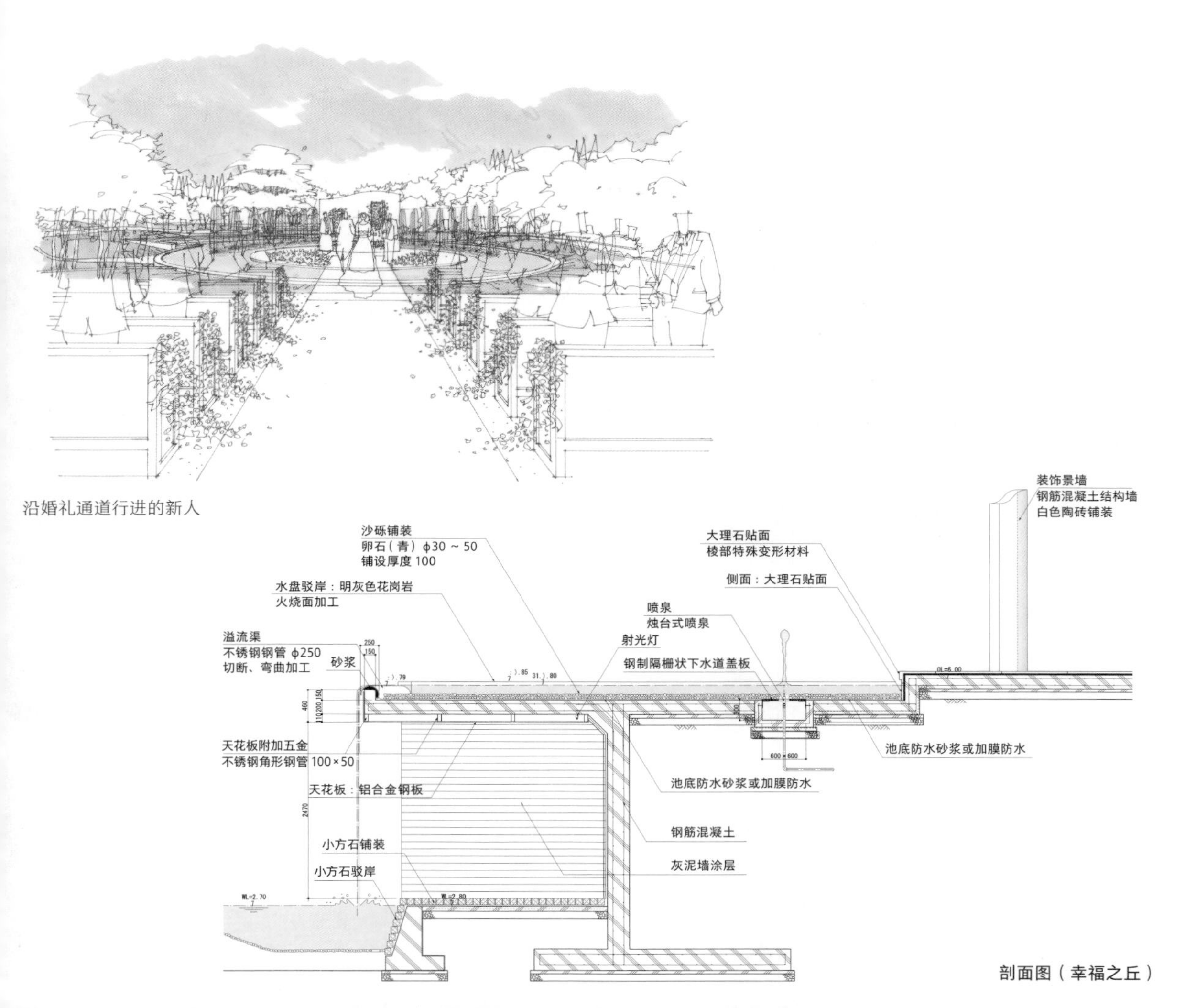

沿婚礼通道行进的新人

剖面图（幸福之丘）

从草坪广场观望灯火通明的酒店，感受似曾相识的风景

设施细节

户外自助餐厅与烧烤广场

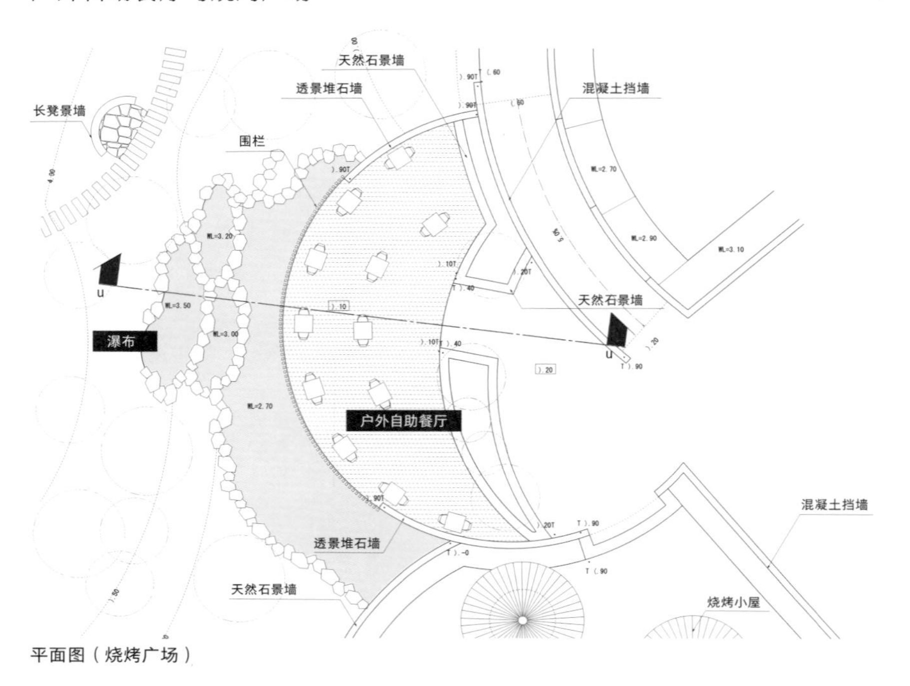

平面图（烧烤广场）

烧烤广场

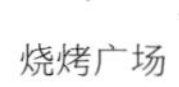

从户外自助餐厅欣赏瀑布

被竹林环绕的静谧平台

烧烤广场

度假设施中的户外活动场地不可或缺，特别是与餐饮相关的空间更需要精心设计。

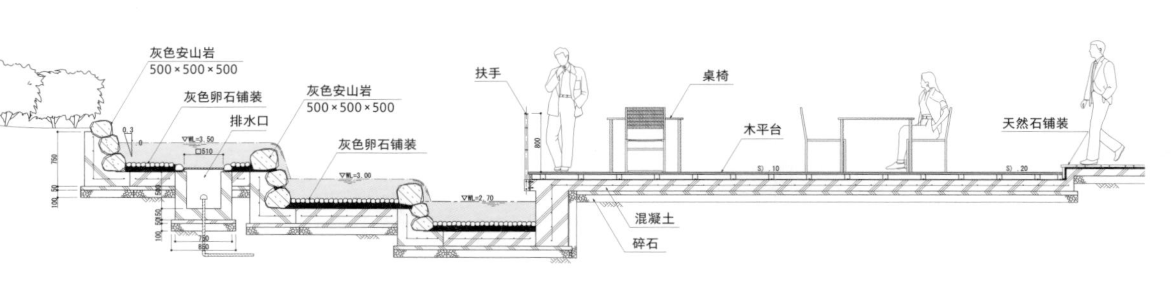

剖面图（烧烤广场）

设施细节

卵形遮阴亭

从园路看到的若隐若现的遮阴亭

颇具看点的遮阴亭

造型奇特的休憩设施除了具有休憩功能外，还成了颇具看点的景观元素。

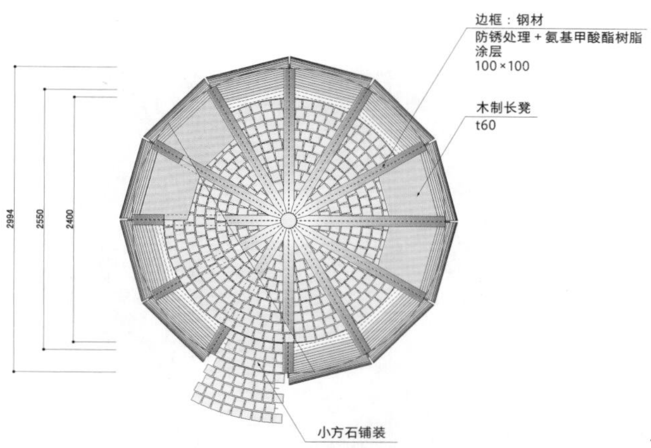

平面图（遮阴亭）

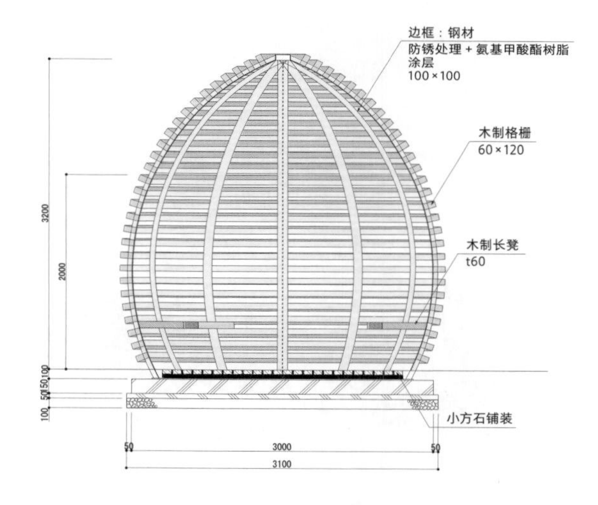

立面图（遮阴亭）

遮阴亭的顶部

遮阴亭旁点景的景石

景观要素

会所周边的设计

会所入口茂密的树木营造出厚重的空间感

由盆景装扮的迎宾空间

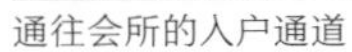

通往会所的入户通道

会所入口

俯瞰会所，后方是酒店建筑

入口的正面

跨过小桥进入会所

入口处云雾缥缈

会所面向阳澄湖的平台

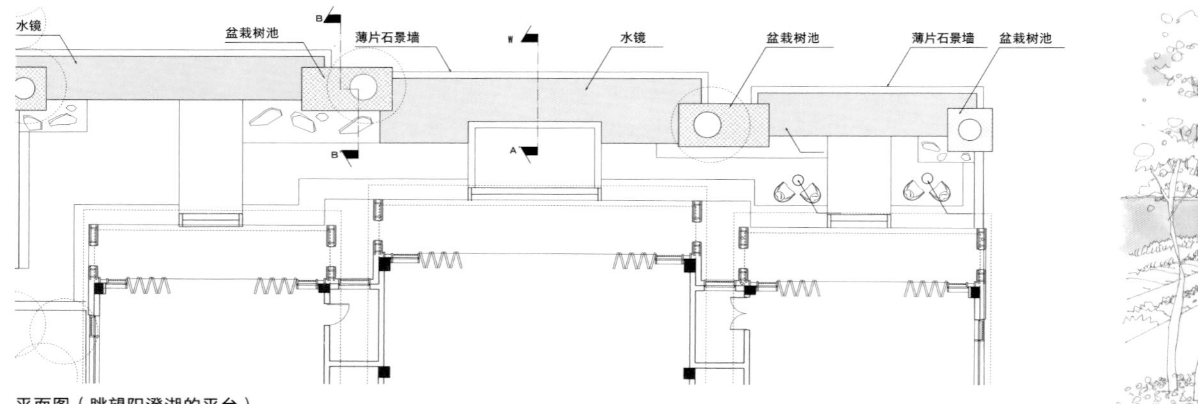

平面图（眺望阳澄湖的平台）

框景景观的研讨手绘

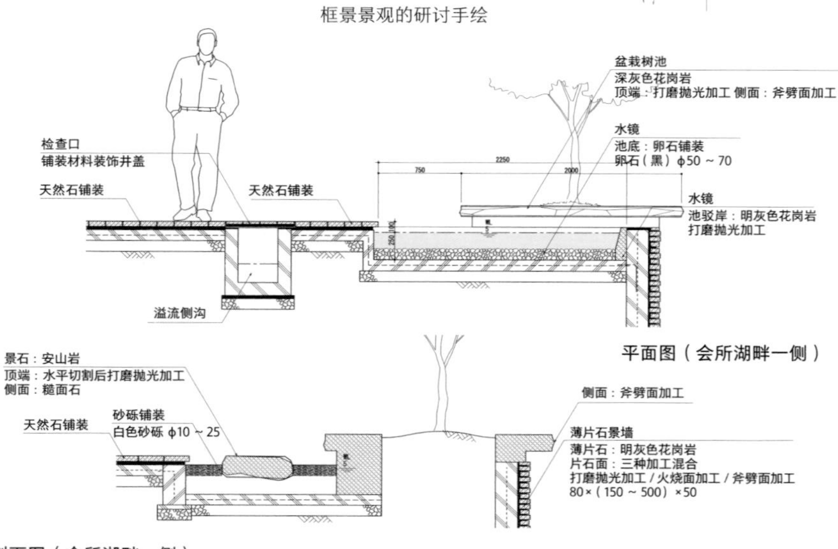

平面图（会所湖畔一侧）

剖面图（会所湖畔一侧）

平台构成的研讨手绘

会所湖畔一侧的设计

为突出阳澄湖之美，观湖平台的设计十分简约，主要强调了水平线条的展示。建筑外墙起到框景的作用，呈现出一幅由建筑、平台的铺装地面、水面及山峦交织而成的至美画卷。平台上孤植树的设置更增添了空间的美感。

强调眺望阳澄湖的景观轴线

视线引导的研讨手绘

08 无锡海岸城郦园（二期）

展现多样空间的景观——
多种环游路线与多样设施的邂逅

规　模：51 750 平方米

设计思路

作为设计师，我一直在思考这样一个问题：孩子们应该在何种环境中成长？广袤的天空下无垠的草坪，秀丽的水景旁四季不败的鲜花，孩子们在无忧无虑地奔跑和玩耍——这样的环境或许简单、平常，却能打动每个人的心。无锡海岸城郦园（二期）项目中呈现的正是这样的世界。

这个被称为“全环游庭园”的景观空间内有丰富多样的功能区。住宅区中央有一块开放的休憩空间，人们可以在这里沐浴阳光，感受微风，开展多类活动。以此处为中心，环游园路和自由延伸的小径辐射到各处住宅、广场和庭园。沿主要环游动线前行，会与日式庭园的流水及池塘相逢，令人不知不觉间沉迷于此。人们可在绿意盈盈的景亭中聆听涓涓水声，欣赏水生植物，享受片刻的清闲。顺着环游路线来到“春霞之庭”，可以一边欣赏由加工过的天然景石任意堆积而成的假山，一边体验宽窄空间的景序变化带来的乐趣。此外，宅间区域还布置了以“光”“水”元素为主题的庭园，等待着居住者去寻觅自己喜爱的空间。

宽敞的圆形草坪广场上有一株主景树傲视四方，周围是带有座椅等休憩设施的空间。在此处，家长们不仅可以看着孩子们嬉戏，还可以互相交流。一大一小两处儿童广场上设置着各类游玩器械，深受孩子们的欢迎。樱花大道也是本次设计的亮点之一。想象一下，春天漫步在“樱花飞雪”中，该是多么美妙的情景。项目所营造的多种空间为居住者的日常生活带来了各种各样的乐趣，我们期待人们能发现自己和家人情有独钟的空间，珍惜并合理地利用那些空间。随着家人之间的宝贵回忆慢慢积累，家族独有的“物语”便会孕育而生。

连接外部的主入口高端、时尚、简约，将居住区内的一小部分景色显露出来，吸引着人们进入园区。耸立在中央广场的主景树也暗示着园区内丰富的绿色环境。无锡海岸城郦园（二期）紧邻海岸城商业综合体，配套齐全，热闹非凡，而景观设计使园区内部拥有森林般的自然环境，萦纡着静谧的氛围，成为闹中取静的高品质住宅区。

该项目最想表现的是“行为的多样性”。占据人生最多时间的地方，莫过于发生各种生活趣事的住宅空间。住宅空间见证着居住者的成长。在环游园路上闲庭信步，一个个体验场景接踵而至，这些都会成为居住者宝贵的财富。景观设计旨在让人们在多重组织的环游动线中发现多样的空间，“邂逅”不同的场景。

框架体系

设计目标	· 打造赞美自然的舞台 · 推崇满足新一代需求的都市住宅风格

禅意风格的精神主旨	“款待”：映射故乡，激发万千回忆 欣赏：通过自然风景切身感受生命，丰富日常生活 体验：借由五感享受自然的恩惠

设计理念：映射自然美景的景观设计

· 让人切身体会因接触自然美景而萌生的心绪和情绪，产生对自然的留恋
· 借由多姿的生活场景唤醒多彩的情趣，让日常生活变得更加丰富

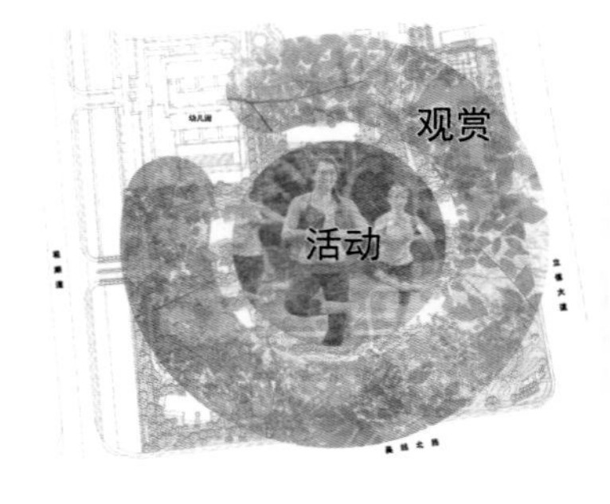

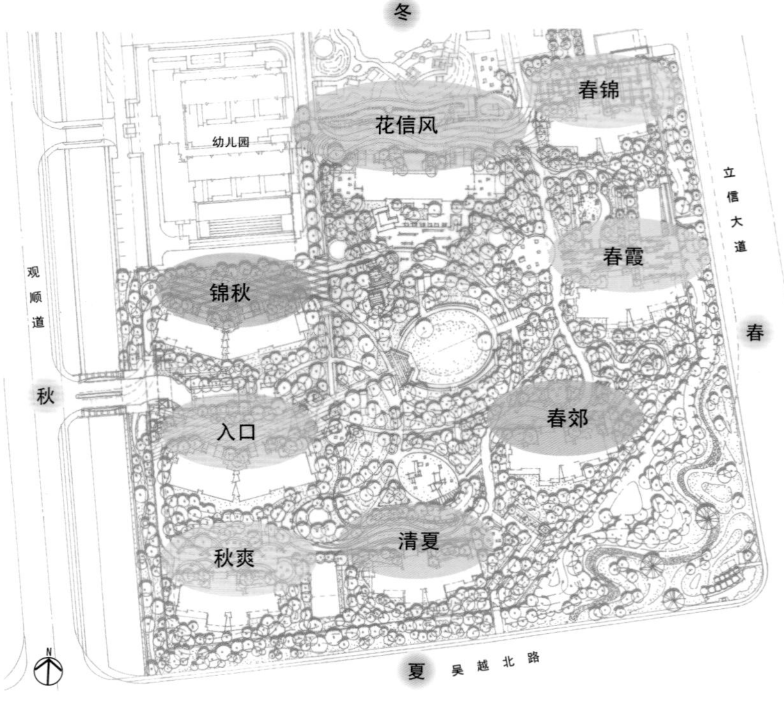

四季物语的展开

通过消防登高面的七个空间展现无锡自然的四季更迭

春

春锦　五颜六色的花如织锦般盛开

春霞　春天漂浮在远山前的朝霞、晚霞

春郊　悠闲的春之郊外、春之野山

夏

清夏　万里无云的晴空

秋

秋爽　明媚晴朗的秋天

锦秋　红叶如锦缎般鲜艳美丽

冬

花信风　预告即将到来的春日、带来开花音讯的风

凉亭

“体态合宜”的凉亭与高楼林立的住宅区相对，成为自然的一部分。来到亭内的人可以融入周边的环境中，享受片刻的悠闲。或许人们能在此体会到景观设计对人生的启发。

整体规划

总平面图

① 主入口
② 次入口
③ 中心广场
④ 白云之丘
⑤ 中央水池
⑥ 清夏之庭
⑦ 春郊之庭
⑧ 春霞之庭
⑨ 竹林亭
⑩ 明镜之庭
⑪ 游玩场地（大地）
⑫ 游玩场地（树丛）
⑬ 健身运动场地
⑭ 消防登高面
⑮ 东南角绿地
⑯ 河川绿道
⑰ 垃圾存放处
⑱ 幼儿园
⑲ 岗亭

①
②
③
④
⑤
⑦
⑨
⑪
⑫
⑭

设计亮点

日式庭园

日式庭园的水池与夜景相得益彰

日式庭园以舒缓曲折的园路来呼应建筑的直线形设计。水面作为两类空间的分界，柔和地从人工区域过渡到自然区域。

溪流旁的凉亭

凉亭位于溪流与水池之间，潺潺的溪流声与开阔的水面令人赏心悦目。凉亭下与水相接的台阶体现了亲水性，而三面镂空的竹林亭则表现出了“亲绿性”。

设计亮点

恢宏与细腻并存的设计

气势磅礴的设计与宽敞的消防登高场地配合得天衣无缝。挡土墙从中规中矩的半圆形中“跳出”，画了一条优美的曲线，后方的植物也随着曲线“翩翩起舞”。圆形铺装内的乔木作为主景树，是空间视线的焦点。

大面积的铺装区域旁设置了富有自然气息的毛石挡墙，与绿色植物一起营建出恬静的风景。在近现代的景观处理手法中，合理使用自然素材是每个景观设计师的必备技能。

景观要素

主入口大门周边

主入口大门的水平感与建筑的垂直感形成鲜明的对比，而门前舒缓的景观越发增强了这种空间组合的横纵对比。

从大门通向中央广场的园路笔直向前，配以两侧的景墙制造了紧张感，而路边的水盘与涌泉则展现出柔和的一面。

小路渐行渐窄，舒缓的台阶令前方的广场备受期待。

景观要素

散步道与中心广场

通往白云之丘的台阶

中心广场

从主入口延伸至园区内部的散步道的转弯处设置了连环水景，将人们引至中央广场，其间的跌水与双重景墙增添了空间的变化，而石组则指出行进的方向。

硬质铺装构成的中央广场

连接主入口大门的散步道

明镜之庭的夜景

草坪广场

住宅区中央开阔的草坪广场是高层住宅的视线焦点，与蔚蓝的天空相呼应，成为人们解放自我的自由空间。

白云之丘

草坪广场可供人们自由自在地奔跑、跳舞、休憩。景观设计师最大的愿望就是居住者能将在此生活的记忆留在心中。

设施细节

春郊之庭、次入口通道、户外家具

春郊之庭内浅浅的水池中种植着水生植物，与假山一起形成人造的自然景观。

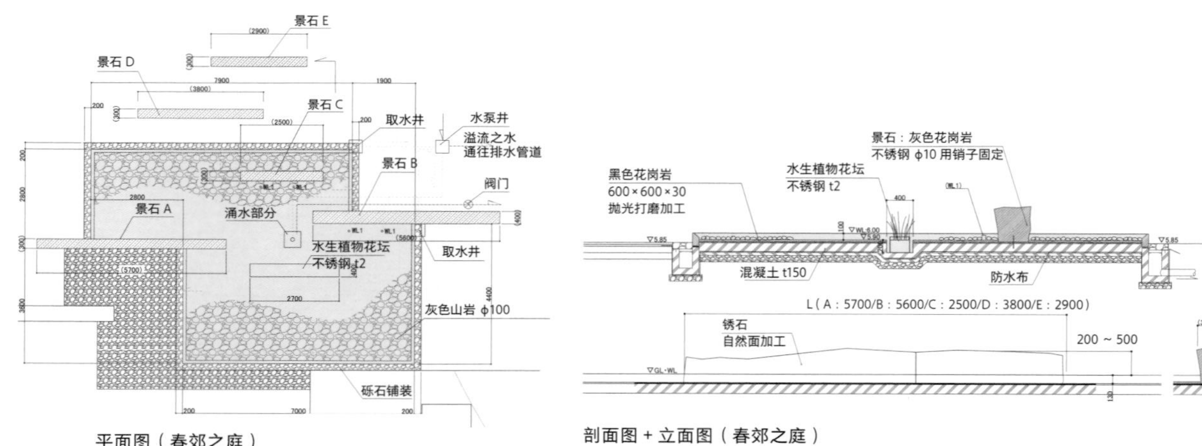

平面图（春郊之庭）

剖面图 + 立面图（春郊之庭）

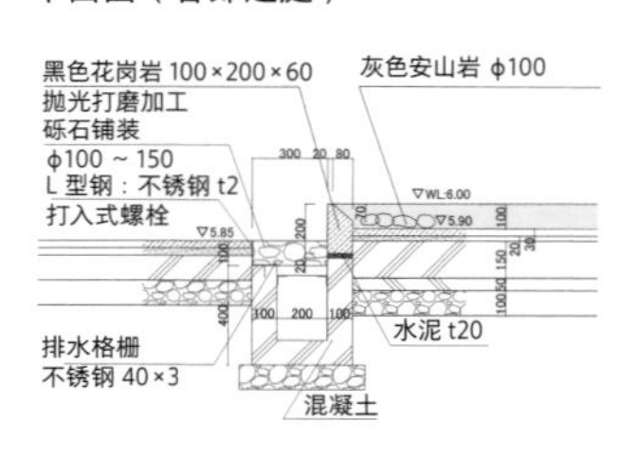

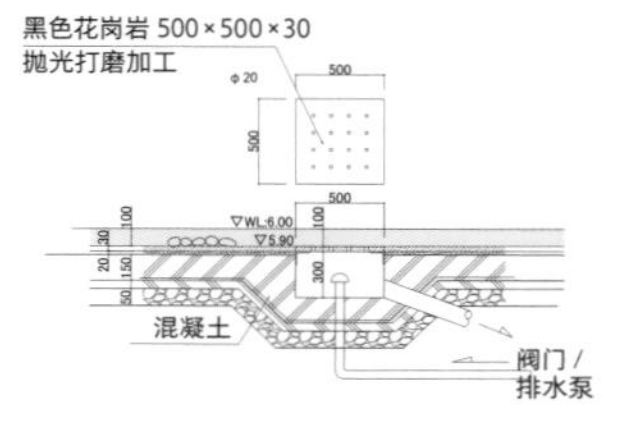

剖面图（春郊之庭）

春郊之庭

次入口略有变化的园路有着极具人性化的尺度，温柔地等候着居住者回家。

次入口通道

白云之丘的大型坐凳

大门样式的休憩景亭

设施设计与细节处理

日式庭园

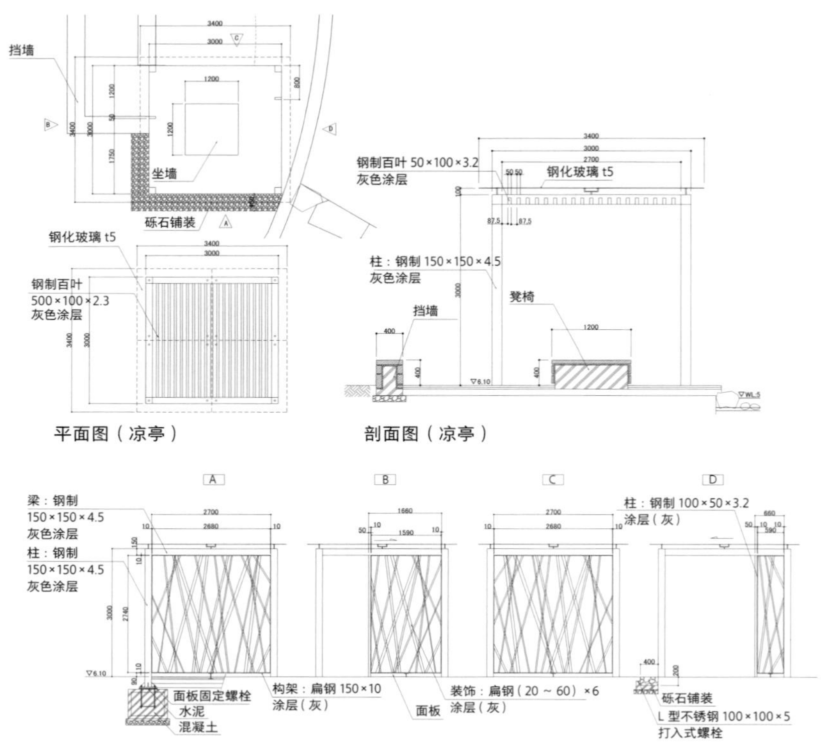

平面图（凉亭）　剖面图（凉亭）

立面图（凉亭）

小溪的源头堆叠着大块的景石。随着溪水缓缓地向前流动，景石逐渐变小，宛如真实的河流一般。作为主要景观设施的小桥架于溪流之上，桥头两端也摆放了景石来吸引人们的目光。棱角分明、大小不一的景石布置得错落有致，增添了空间上的变化。

溪流与景石的设计均模仿真实的河川。施工时，先在溪流各处放置重要的景石，然后在空隙中填充小石子，丰富溪流的形态。跌水与小溪的“表情”会因石块摆放方式的细微不同而产生巨大的变化，因此需要在流水的状态下对水景进行最终调整。这里石组的摆放是由我（户田芳树）现场指导完成的。

作为开阔场地的一部分，日式庭园须在细致布景的同时，具有大胆的表现力。一般来说，日式庭园以石组为“主”，石组旁添景的树木为“辅”。在施工中，种植工程一般会排在后期，但有时会因为材料进场的顺序而提前栽种，这就需要施工方尽可能根据实际情况做出适宜的调整。

09 深圳汉京九榕台

享受美景的居住空间——
充分利用借景关系构筑的风景

规　模：27 700 平方米

设计思路

深圳汉京九榕台北依有着天然风光的小南山，南临深圳城区与前海深港现代服务业合作区，半山腰的立地条件得天独厚。住宅为现代风格的建筑，由高层公寓和联排别墅组成。本次规划设计的主题在于充分利用立地优势创造更有价值的居住空间。

为了诠释此主题，让项目与周边环境充分衔接，我们将项目分成三个重点区域来设计：登山进入住宅区的观山道入口、适宜举目远眺的住宅区，以及住宅区北面的小南山绿地。

观山道长约 350 米，属于市政道路，但同时承担着从公共空间向私密空间过渡的功能，因此我们以连续性景观的设计手法对其进行演绎。观山道入口的景观是项目给公众的第一印象，因而它的设计至关重要。以“山丘”为主题的几何形景墙和引入人工坡面绿化的山坡展现出气势恢宏的景象。观山道靠街区的一侧种植组团式植栽来遮挡行人望向外部的视线，在观山道内形成“绿色隧道”，营造出从公共空间向私密空间转换的分界氛围。

观山道的尽头就是住宅区的主入口。这里的空间豁然开朗，在景观构成上力求让人们充分感受到场景切换的魅力。主入口广场在设计上优先考虑场地的眺望优势，因此壁泉水景的高度经过了特殊限定。富有韵律感的跌水淙淙落下，与参天的加拿利海枣树阵形成了绝佳的搭配。从颇具围合感的“绿色隧道”转向明亮的住宅区主入口广场，场景的切换凸显了项目立地的优越性。

住宅区由高层公寓和联排别墅构成，景观空间处于两类建筑之间，场地呈东西狭长之势，因此，设计师在景深感较强的区域内打造疏密有致的景观，让空间更加舒适、有序。从充满活力的入口区向住宅区内舒缓的布局构成了核心景观，兼具城市与自然魅力的度假空间由此孕育而生。园路旁的溪流、节点处的条石坐凳演绎出特有的韵律感和舒适的人性化尺度，营造出润泽祥和的宅间庭园。设计充分利用优越的自然条件，以“有生命力的风景”为主题，搭建“水”与“绿”的空间框架，设置“水、土、光、风”主题的公共平台，供居住者自由地使用。

住宅是家的依托，是人们一生中最主要的活动场所。生活中有丰盈的景观陪伴，必定可以消除疲惫，令人充满活力地迎接每一天。

作为位于半山腰的住宅，在视觉上建筑的高度不应高于背后的群山。尊重项目现有的自然环境是一名景观设计师应有的基本素养。该项目包含高层公寓和南侧联排别墅之间的景观，这就决定了设计中必须更加注重细节处理。空间或大或小，都会带来尺度感与质感的微妙差别。该项目正是考虑了步行时的空间感觉、公共区域的层次感等，充分发挥了景观应有的优势。

框架体系

总平面图（住宅区）

充分利用高层公寓与联排别墅之间的区域，打造夹景式入户空间。设计中蜿蜒曲折的园路带来步移景异的美感与愉悦感，配合水、绿、户外家具等多类元素的使用，营造出经久不衰的高品质空间。

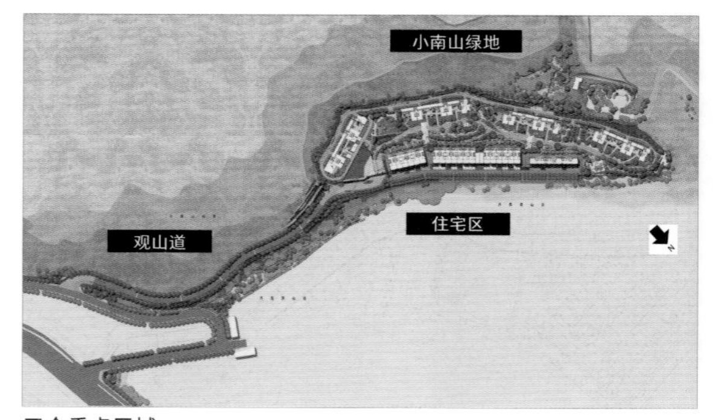

三个重点区域

俯瞰主园路

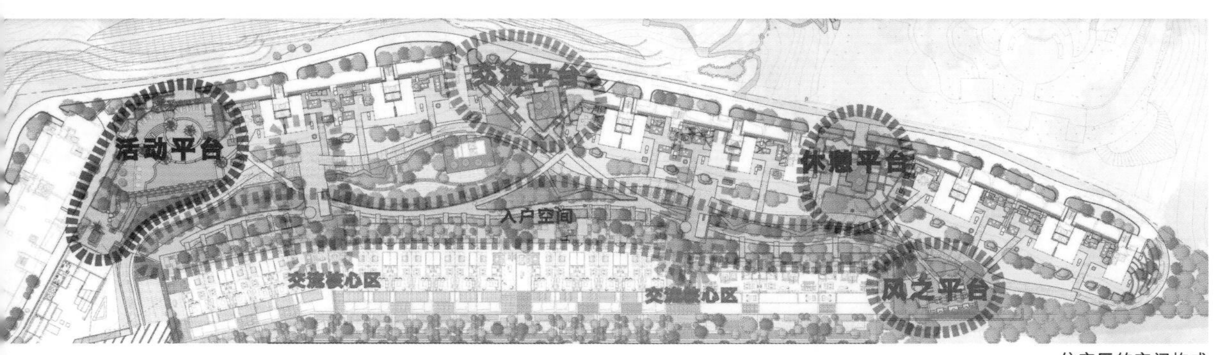

住宅区的空间构成

重要节点

观山道入口区

入口区的坡面绿化和堆石挡墙

观山道入口区域的效果以及观山道的景观营建是该项目的重点。入口区对面的山体采用坡面绿化和堆石挡墙来进行修景。具有指示方向作用的堆石挡墙有效地将访客引导至住宅区。蜿蜒的观山道被绿色包围，路上的节点处设置了可以休憩、远眺的空间。道路尽头宽敞的空间与狭长的道路形成鲜明的对比，给人带来意外的惊喜。

观山道设置廊架演绎立体式景观

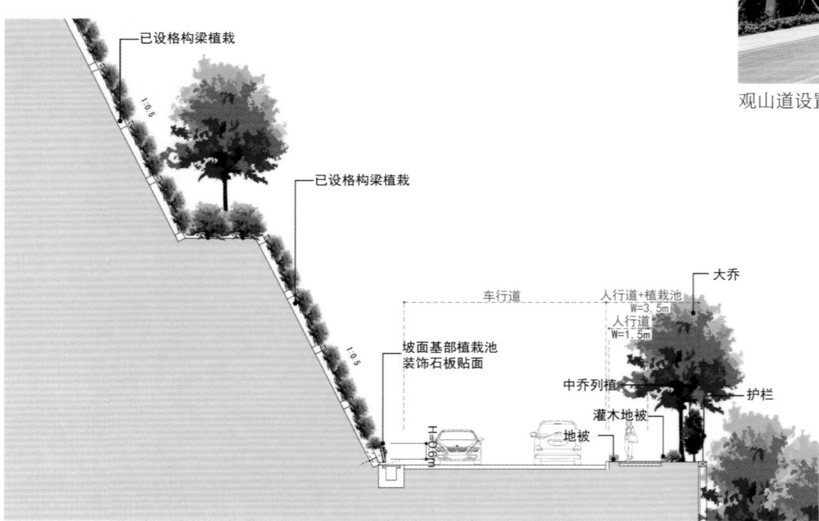

剖面图（观山道）

观山道廊架的意向手绘

重要节点

主入口广场

主入口广场采用名贵的树木列植加以点缀，再加上韵律感十足的跌水，动与静交织在一起，暗示着住宅区内部的景观会将这种鲜明的对比延续下去。

环绕入口的跌水景观整齐划一

与高层公寓相呼应的树木列植成为主入口的标志

园路的景序

主园路边设置异形坐凳，期待着居住者们在此邂逅

蜿蜒舒缓的主园路与高层公寓形成强烈对比

节点处设置过门式的休憩场所，将狭长的空间分成多个区域

景观要素

道路与休憩空间

按照景观的“情节演绎”来设置节点设施，其中的廊架增强了空间的连续性，而高地平台营建出了开阔的眺望空间和静谧的休憩场所。

俯瞰主路与小径，中央的坐凳起到了良好的点缀作用

高层公寓之间的休憩场所高低错落，在富于变化的景观中成为点睛之笔

主路与坐凳之间的铺装引人注目

景观要素

泳池

彰显居住者社会地位的泳池景观是高端住宅的标准配置

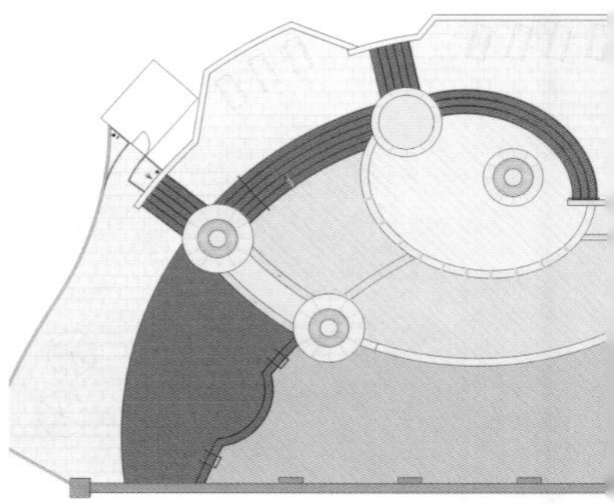

平面图（泳池）

泳池景观的意向手绘

泳池作为中国南方高端住宅的标配设施需要倾力打造，与赛道泳池相反，其设计以曲线为基调，打造高差变化，使跌水的设置顺理成章。高大的树木不但带来清凉的绿荫空间，还成为标志性景观。

通过对空间的分层布置营造出多个独立的活动区，满足多种娱乐需求

联排别墅区景观

联排别墅的前庭空间

富有景深感、若隐若现的风景

联排别墅与高层公寓相对而立，建筑间的景观区呈东西延展之势。景观的延伸疏密有致，区域划分也自然得体。

相对于高层公寓前的开放空间，联排别墅区域作为从公共区向私密区的过渡空间，在设计尺度上十分人性化。为了让人们感受到空间的转换，设计师在住宅与花园之间沿散步道设置了溪流。跨过溪流入户的演绎更具仪式感与私密感。为了避免小径过于单调，穿门而过的布局让空间的分界一目了然，而曲线形的园路设计营造了曲径通幽的空间，平添了景深感。与溪流相伴的园路绿意丰盈，装扮着联排别墅的前庭，滋润着人们的日常生活。

介于高层公寓与联排别墅之间的空间也包含了各栋楼的入户空间。高层公寓一侧为主路，而联排别墅一侧为富有景序感的小径，两条园路的空间尺度、通行速度和质感截然不同。宁静祥和的中庭里差异化的景观会带给人们不同的心理变化，置身于此，每个人都将拥有属于自己的独特感受。

联排别墅区景观

主路与小径的“邂逅”空间

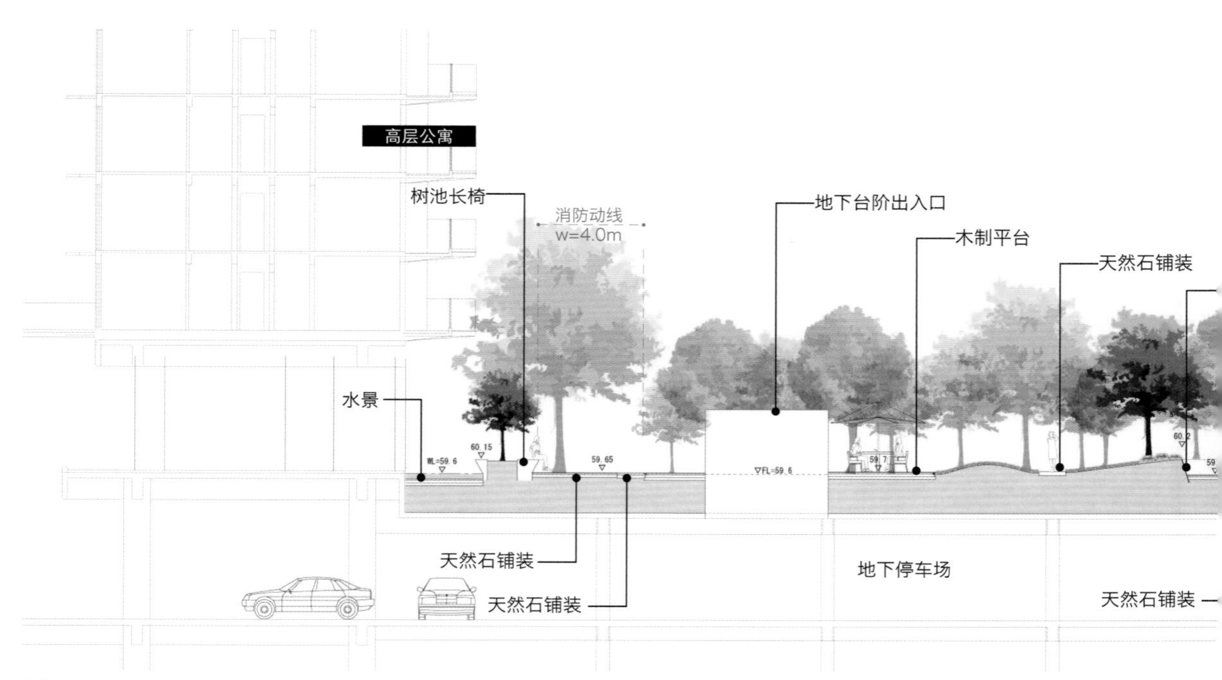

单位：mm

从高层公寓一侧看联排别墅的景观

相对于建筑，景观设计的人性化尺度鲜明可见

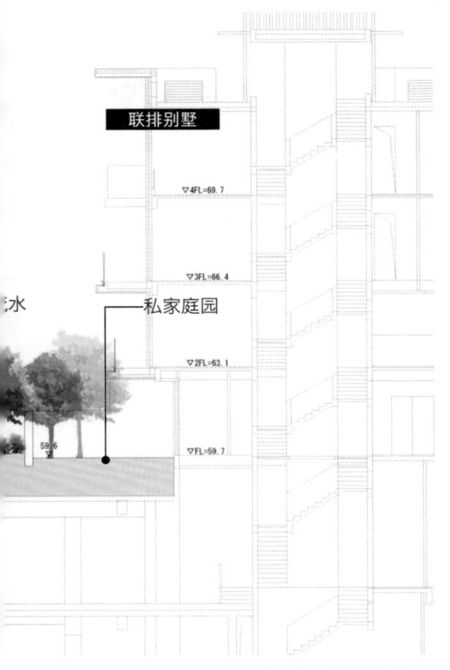

剖面图（联排别墅入口）

联排别墅前庭的小溪与园路

入口景观设施

横跨水面的通道桥直通至高层公寓的架空层

在联排别墅玄关前设置低矮挡墙，先抑后扬，增加了空间的设计感

在节点位置设置一些设施加以强调

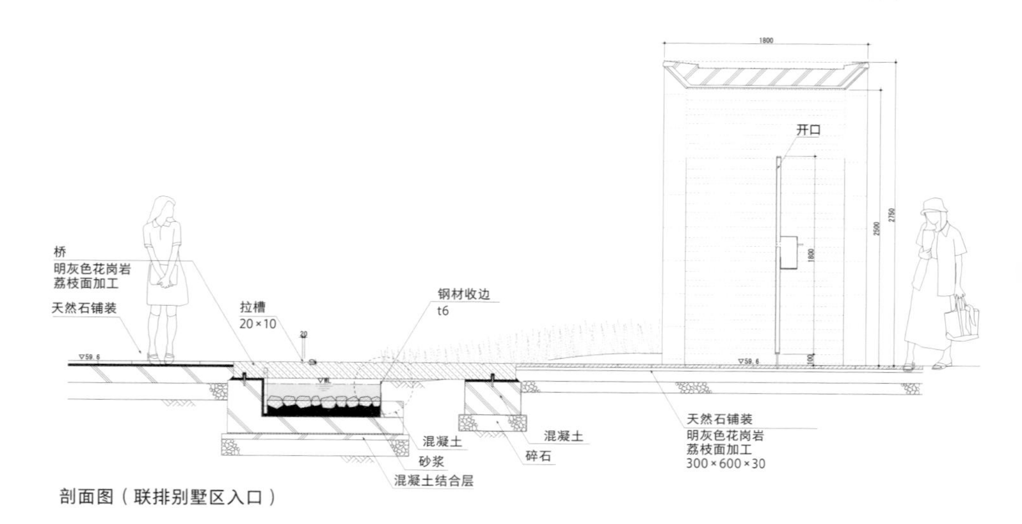

剖面图（联排别墅区入口）

跨越溪流的入户体验

跨过溪流回家会为居住者带来尊贵的体验，每座小桥都成了他们专属的入户设施。

人性化尺度的植栽装点着联排别墅前的溪流空间

联排别墅入户园路

配合联排别墅高度的植栽设计，后期对植栽的维护管理尤为关键

框景的设置强化了空间

联排别墅的入户设计细致入微

细致的联排别墅入户设计手绘

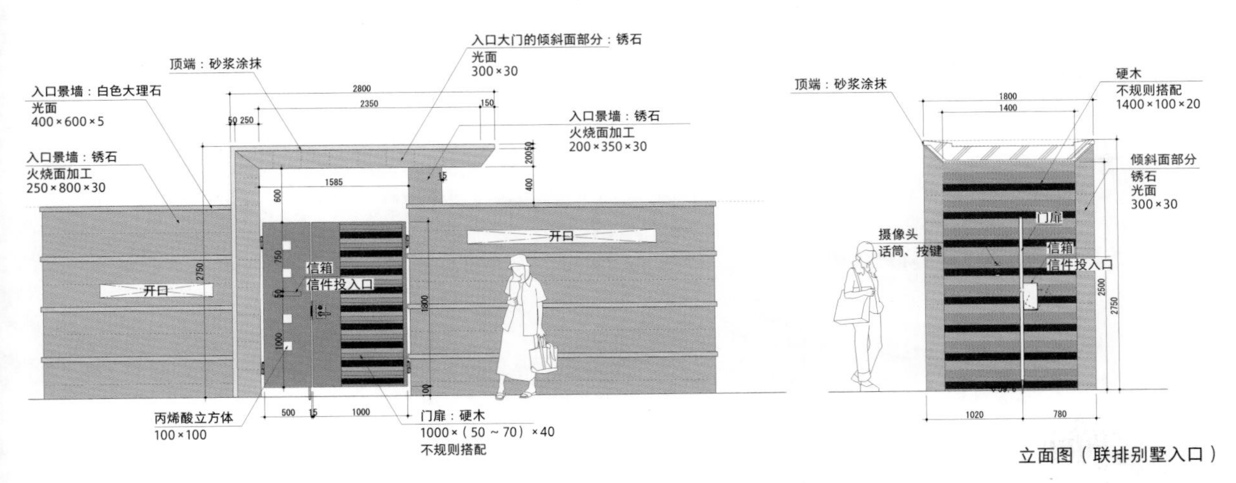

立面图（联排别墅入口）

联排别墅入户空间的意向手绘

水景、景亭

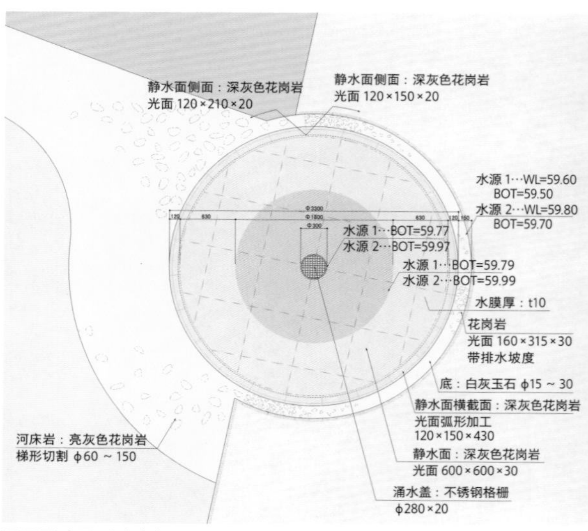

平面图（圆形喷泉）

标志性的圆形喷泉

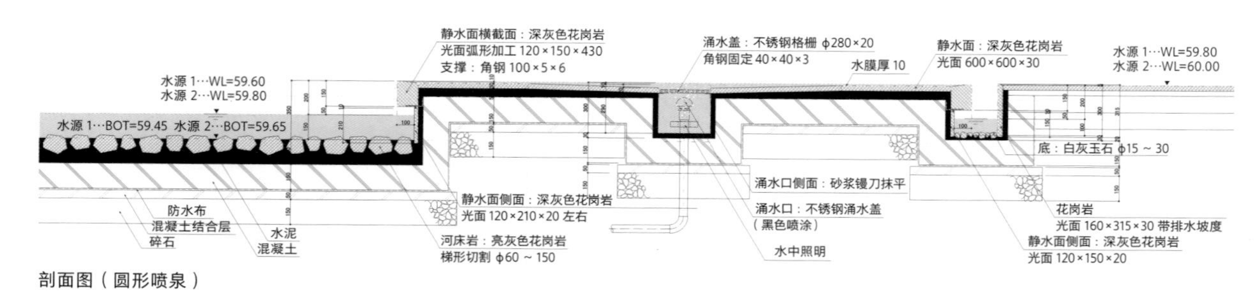

剖面图（圆形喷泉）

成为地标的景亭与喷泉

高层公寓前的喷泉与水池

泳池溢流出的水作为景观设施被加以利用

框景景亭坐凳

框景景亭坐凳的意向手绘

多样的水景空间

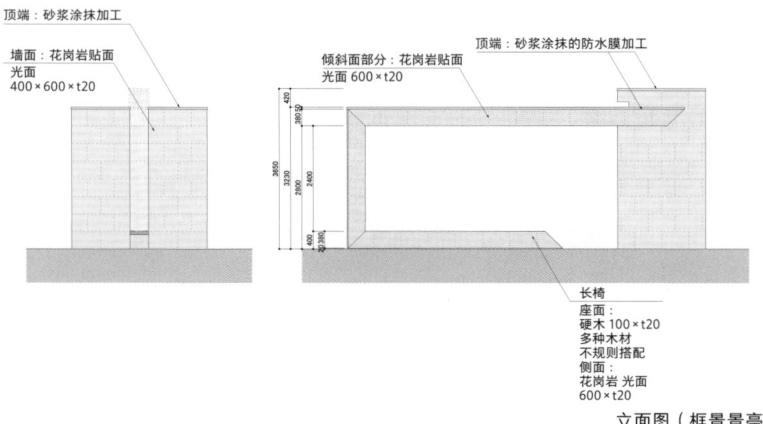

立面图（框景景亭）

关于株式会社户田芳树风景计画

About Yoshiki Toda Landscape & Architect Co., Ltd.

户田芳树

法定代表人

履　　历：1970 年于东京农业大学农学部造园学科毕业
职业资格：注册景观设计师（RLA）
　　　　　一级造园施工管理技士

1981　绿色津南中央庭园
1984　诹访湖畔公园
1986　梦之岛公园——热带植物馆
1998　森柏龙宫殿
2012　无锡市泰伯公园
2012　苏州棠北别墅
2017　深圳汉京九榕台
2019　无锡海岸城郦园（二期）

吉泽力

董事、设计室长 上海办事处处长

履　　历：1983 年于东京农业大学农学部造园学科毕业
职业资格：注册景观设计师（RLA）
　　　　　一级造园施工管理技士
　　　　　一级土木施工管理技士

2011　北京龙湖唐宁 ONE
2012　苏州棠北别墅
2013—2014　重庆天地雍江项目
2013　北京亿城燕西华府
2015　杭州广宇鼎悦府
2017　深圳汉京九榕台
2019　无锡海岸城郦园（二期）

大桥尚美

董事、设计室长

履　　历：1975 年于千叶大学木材工艺科毕业
职业资格：注册景观设计师（RLA）
　　　　　一级造园施工管理技士
　　　　　二级土木施工管理技士

2005　爱·地球世界博览会
2007　高知县五台山花道
2014　横浜市三枚町公园
2017　全国城市绿化横滨博览会
2018—2019　横滨里山花园

古贺健一

董事、设计室长

履　　历：1996 年于九州艺术工科大学毕业，生活环境硕士
职业资格：注册景观设计师（RLA）
　　　　　一级造园施工管理技士

2000　新川丸池公园
2013　南本宿第三公园
2013　锦町 Trad Square 大厦
2013　东京都健康长寿医疗中心
2017　全国城市绿化横滨博览会
2017　Welview Izumi 儿童乐园

石井博史

董事、设计室长

履　　历：1998 年于东京农业大学农学部造园学科毕业
职业资格：注册景观设计师（RLA）
　　　　　一级造园施工管理技士

2014　珠海格力海岸滨海公园
2015　鞆之浦街道规划
2017　深圳中洲滨海商业中心
　　　深圳中洲湾二期
2017　银座一丁目公园

堀井大辅

设计室长

履　　历：2006 年于东京农业大学研究生学院农学研究科造园学专业毕业
职业资格：一级造园施工管理技士

2013　二子玉川公园“归真园”
2016　Park Mansion 三田纲町 The Forest
2017　Regina Resort 旧轻井泽

东京

地址 3F Miyuki Bldg. 1-36-1 . Yoyogi , Shibuya-ku, Tokyo, JAPAN zip : 151-0053

电话（传真） +81-3-3320-8601（+81-3-3320-8610）

电子邮箱 info@todafu.co.jp

网址 http://www.todafu.co.jp

上海

地址 上海市普陀区凯旋北路 1188 号 环球港北楼（B 座）8 楼 815 室

电话 021-62410059

电子邮箱 todafu2010@163.com

岩田香

设计副室长

职业资格：一级建筑士

2012　苏州棠北别墅

2013—2014　重庆天地雍江项目

2013　北京亿城燕西华府

河村靖雄

项目合作伙伴

职业资格：一级建筑士

曾就职于东京的建筑设计事务所，2006—2010 年在北京的设计事务所工作。2010 年回到日本后，致力于中日两国的景观设计，作为户田芳树风景计画的项目合作者，共同负责中方的设计项目。

剑田和良

主创设计师

履　　历：1999 年于东京农业大学农学部造园学科毕业

职业资格：注册景观设计师（RLA）

一级造园施工管理技士

一级土木施工管理技士

2016　珠海格力海岸 S4 地块

池田葵

设计师

履　　历：2009 年于多摩美术大学环境设计学科毕业

2015　苏州阳澄湖澜廷度假酒店

2017　深圳汉京九榕台

2017　Welview Izumi 儿童园

杨宪银（右二）

仲津佑哉（左二）

森川健人（左三）

程　绚（右一）

郝亚婷（左一）

加贺谷摩耶

■上海事务所

朱显嘉

上海办事处副处长

履　　历：2010 年于东京农业大学区域环境科学科毕业

2014 年入职株式会社户田芳树风景计画

职业资格：二级造园技能士

二级园艺装饰技能士

雷正丹（右一）

孟兆娟（右二）

陈文婷（左二）

李环瑞（左一）

■特邀专家

邓　舸

东京农业大学风景园林学博士。2012 年任东京农工大学特别研究员，2013 年入职株式会社户田芳树风景计画，2014 年任上海代表处副处长。2015 年入职沈阳农业大学，现任园林设计教研室主任，东北地域景观体系研究团队负责人。

图书在版编目（CIP）数据

住宅景观设计推进法 / (日) 户田芳树 , (日) 吉泽力著 ; 邓舸译 . —
桂林 : 广西师范大学出版社 , 2021.1
ISBN 978-7-5598-3174-3

Ⅰ. ①住… Ⅱ. ①户… ②吉… ③邓… Ⅲ. ①住宅-景观设计
Ⅳ. ① TU241

中国版本图书馆 CIP 数据核字 (2020) 第 165651 号

住宅景观设计推进法
ZHUZHAI JINGGUAN SHEJI TUIJINFA

责任编辑：冯晓旭
装帧设计：森川健人 吴 迪 六 元
广西师范大学出版社出版发行
(广西桂林市五里店路 9 号 邮政编码：541004
网址：http://www.bbtpress.com)
出版人：黄轩庄
全国新华书店经销
销售热线：021-65200318 021-31260822-898
恒美印务（广州）有限公司印刷
（广州市南沙区环市大道南路 334 号 邮政编码：511458）
开本：889mm × 1 194mm 1/16
印张：14.25 字数：223 千字
2021 年 1 月第 1 版 2021 年 1 月第 1 次印刷
定价：198.00 元